Dr. Dieter Groll

Ein Leitfaden zum Umweltschutz

einfach und verständlich

2018

Eine neue Art von Denken ist notwendig,

wenn die Menschheit weiter leben will.

Albert Einstein

Besonders danke ich meinem Schwiegersohn Oliver Jeckel für seine professionelle EDV-Unterstützung.

Dieses Buch widme ich meinen Enkelkindern

Timo, Jonas, Fabio, Leonie und Theo,

deren zukünftiger Lebensraum durch Umweltbelastungen stark gefährdet ist.

FSC
www.fsc.org
MIX
Papier aus ver-
antwortungsvollen
Quellen
Paper from
responsible sources
FSC® C105338

© 2018 – Dr. Dieter Groll

Herstellung und Verlag:

BoD – Books on Demand, Norderstedt

ISBN: 9783748181682

Warum dieser Leitfaden zum Schutz der Umwelt?

Es war im Februar 1953. Ich war damals 14 Jahre alt. Wir – meine Eltern und meine Geschwister Klaus und Annette – wohnten in Gronau in Westfalen, einem Industriestädtchen direkt an der holländischen Grenze. Als ich eines Februartages morgens für das Frühstück die „Gronauer Nachrichten" aus dem Zeitungskasten zog, fiel mir sofort die Überschrift der Seite 1 auf. In großen Lettern stand der kurze, schockierende Satz: **„Holland in Not".** Holland erlebte Anfang Februar 1953 die schwerste Nordsee - Sturmflut des 20. Jahrhunderts.

Unweit unseres Wohnhauses floss ein Bach namens „Dinkel". Die Ausläufer der Sturmflut waren auch bei uns zu spüren: Es regnete und regnete und der Wasserpegel des sonst harmlosen Bächleins stieg und stieg, bis er schließlich über die Ufer trat. Und das Wasser floss die Straße entlang, näherte sich dramatisch unserem Haus, floss dann zuerst in die Garage und weiter ausgerechnet in unseren Vorratskeller. Im Nu standen alle Regale, alle Vorräte, alle Haushaltswaren unter Wasser.

War die Flutkatastrophe klimabedingt und damit eine Folge der Erderwärmung? War das Wasser in unserem Keller eine Folge von Starkregen? Wir alle wussten es nicht, denn das Thema Umwelt bzw.

Umweltschutz spielte damals noch überhaupt keine Rolle. Es war eine Naturkatastrophe, die, Gott sei Dank, selten auftrat, sonst aber nichts. Erderwärmung, Treibhausgase, Starkregen oder andere heute für jeden geläufige Begriffe kannten wir nicht. Umweltschutz war uns fremd!

Neues Szenario: grüne Weideflächen, blühende Parkanlagen, malerische Wasserschlösser und am nördlichen Rand des schönen Münsterlandes lag Gronau. Ich erinnere mich noch gut an eine Fahrt mit den Eltern im VW Käfer ins Ruhrgebiet, wo meine Eltern was besorgen mussten. Wir verließen das Münsterland und näherten uns mehr und mehr dem Industriemoloch und bemerkten am Horizont eine weißliche Dunstglocke. War das Nebel oder was sonst? Mittendrin in diesem Szenario die gefühlte Erkenntnis: Es waren Abgase aus den Fabrikschloten der Hochöfen und Stahlerzeuger, die sich wie eine Glocke über Mensch und Natur wölbte. Die Luft zum Atmen wurde schwerer und die Augen tränten. Zum ersten Mal waren wir direkt betroffen von einer schockierenden Umweltbelastung. Zurück im Münsterland mussten wir noch einige Zweit an diese Umweltverschmutzung denken, aber das war's dann auch. Denn Umweltschutz war noch ein Fremdwort, wir alle konnten damit nichts anfangen.

Gronau war weltbekannt durch seine **Baumwollspinnereien**. Von der Baumwolle bis zum fertigen Garn waren Maschinen im Einsatz, die dieses begehrte Produkt erzeugten. Die Garne wurden weiter zu Stoffen verarbeitet und die Stoffe mit Farben bedruckt. Bei vielen der einzelnen Herstellungsschritte wurden Hilfsarbeiter eingesetzt und damit stand die Tür offen für einen Ferienjob, den wir als Schüler dringend benötigten, um unsere vielen persönlichen Wünsche finanziell zu realisieren. Ich bewarb mich bei „Gerrit van Delden" um eine 2-wöchige Ferienarbeit, bekam die Zusage und wurde eingesetzt in der Spinnerei – es war die Hölle!

In einem riesig großen Raum standen x Maschinen; jede Maschine bestückt mit Spinnspindeln. Etwa 30 000 Spinnspindeln kamen so zusammen. Und jede Spindel erzeugte Lärm, der sich 30 000 mal verstärkte. Es war fast unerträglich, unter solchen Bedingungen arbeiten zu müssen. Man kann sich das heute nicht mehr vorstellen. Ob die Mitarbeiter einschließlich meiner Person Ohrenschutz trugen, weiß ich nicht. Ich weiß nur noch, dass ich abends lärmbedingt fix und fertig war und jeden Morgen mit einem großen Widerwillen die Arbeitsstätte betrat – aber ich habe durchgehalten, „bis zum bitteren Ende".

Viele Jahre später: Meine Frau Gaby und ich hatten nach unserem Studium in München geheiratet, unsere erste Tochter Isabelle kam in Garmisch, wo Gabys Eltern wohnten, zur Welt und ich hatte nach der Promotion meinen ersten Job bei den **„Farbwerken Hoechst"** in Frankfurt gefunden. Die noch kleine Familie zog von München nach Bad Soden, wo dann unsere zweite Tochter Viviane das Licht der Welt erblickte. Bad Soden war ein heilklimatischer Kurort für Atemwegserkrankungen und liegt an den Südhängen des Taunus in unmittelbarer Nähe von Hoechst. Ein Traumparadies? Von wegen. Wir mussten sehr bald erkennen, dass wir durch die Farbwerke Hoechst einer nie geglaubten und nie für möglich gehaltenen Umweltbelastung ausgesetzt waren. Wenn wir nachts die Fenster im Schlafzimmer geöffnet hatten, lagen am nächsten Morgen schwarze „fettige" Rußpartikel auf dem Fensterbrett und schwärzten sogar unseren neuen hellen Fußbodenteppich. Im wunderschönen Hoechster Schwimmbad mussten wir beim Relaxen Chlorgase einatmen, denn Hoechst war berüchtigt für seine gelbbraune „Fahne" aus dem Schornstein - Chlorgase (!) und je nach Windrichtung zog die Fahne über das Schwimmbad! Und wenn es mal trüb und dunstig war in Bad Soden und die Atemwegserkrankungen rapide zunahmen und auch unsere Kinder nicht verschonten, warnte die Kinderärztin: „Gehen Sie bei diesem Wetter mit den Kindern bloß nicht spazieren"!

Die Belastung der Umwelt trat mehr und mehr in das Bewusstsein der Menschen. Einzelpersonen, Verbände, Parteien oder die Gesetzgebung nahmen sich des Themas an und ergriffen Maßnahmen zum Schutz der Umwelt. Und es gab zum Teil äußerst heftige Auseinandersetzungen zwischen „pro Umweltschutz und contra Umweltschutz"; als Beispiel sei hier auf Wackersdorf verwiesen (erfolgreicher

Bürgerwiderstand gegen eine Atomaufbereitungsanlage).

Ende November 2017 nahm ich eine Einladung zur Verleihung des 5. Alpenpreises durch die **CIPRA** wahr. Die CIPRA ist eine internationale Dachorganisation zum Schutz der Alpen (Alpenschutzkommission). Ihr gehören eine Vielzahl von Umweltschutzorganisationen an wie der Deutsche Alpenverein, in dem ich seit über 40 Jahren Mitglied bin, der Bund Naturschutz, der LBV Landesbund für Vogelschutz, die Bergwacht u.a. Die Laudatoren priesen die Forschungsleistungen der Preisträger über Veränderungen unserer Umwelt und schilderten in dramatischen Appellen, wie sich die alpine Bergwelt durch die negativen Umwelteinflüsse drastisch verändert. **In 50 Jahren wird es in den Alpen keine Gletscher mehr geben** wenn nichts passiert, war die einhellige Expertenmeinung. Das werden meine Enkelkinder noch erleben, dachte ich mir; Timo und Jonas werden dann 66 Jahre alt sein, Leonie und Fabio 64 Jahre und Theo 58 Jahre. Vielleicht werden sich meine Enkelkinder noch an die Schneeballschlacht auf dem Aletschgletscher (der längste Gletscherstrom der Alpen) erinnern, als wir während einer mehrtägigen Tour im Jahr 2014 im Gebiet Eiger - Mönch - Jungfrau im Berner Oberland/Schweiz wunderbare Gletschererlebnisse hatten.

Und das soll in 50 Jahren nicht mehr möglich sein? Ein schockierender Gedanke!

Weltweit wächst die Erkenntnis, dass die Umwelt dringend Schutz bedarf. Verbände, Parteien, Umweltschutzorganisationen, Gesetzgeber und Bürger engagieren sich und ergreifen Schutzmaßnahmen. Aber reicht das überhaupt? Und was tun wir, jeder einzelne von uns, zum Schutze der Umwelt? Das Bewusstsein zum Umweltschutz hat sich seit meinen Gronauer – und speziell Hoechster Jahren bei mir gravierend geändert. Und meine Enkelkinder wachsen heute mit einem Umweltbewusstsein auf, das große Beachtung findet. Trotzdem müssen wir mehr tun, aber wie? Mit diesem Leitfaden möchte ich alle Interessierten zu einem noch stärkeren Umweltbewusstsein sensibilisieren und Wege aufzeichnen zu einer wirkungsvollen und erfolgreichen Umsetzung.

In meiner 30 jährigen selbständigen Beratertätigkeit in Qualitäts- und Umweltmanagementsystemen habe ich vielen Unternehmen und damit auch den Mitarbeitern geholfen, erfolgreich Umweltschutz zu betreiben. Nutzen wir die Chance, wir haben nur die eine. Macht Ihr mit?

Wir können und werden

die Umwelt retten!

Garching, im Herbst 2018

Inhalt

Waldschaden in Kanada

Alle fotographischen Ablichtungen inklusive Cover stammen aus meiner persönlichen Fotogalerie

Ozon

Wasser

Kapitel 1
Umweltthemen

Luftverunreinigungen

Lärm

Klimawandel

Wir wollen uns zuallererst fragen, um welche Umweltthemen wir uns kümmern können. Machen wir dazu eine kleine Übung:

Wir bilden eine kleine Gruppe, sagen wir fünf oder sechs Personen (Eure Freunde, Geschwister, Eltern, Sportkollegen u.a.). Die Frage, die an die Gruppe gestellt wird lautet:

Frage: Was fällt Euch zum Thema Umwelt ein?

____

____

____

____

____

____

____

____

Schreibt alle Eure Antworten (Ideen) auf. Jeder für sich. Ihr könnt es auch gemeinsam in der Gruppe tun, diskutiert dann die Antworten und schreibt das Ergebnis auf. Nehmt Euch dazu 10 Minuten Zeit! Man nennt diese Methode **„Brainstorming“**. Ihr durchströmt Euer Hirn, damit es so viele Ideen wie möglich produziert. Quantität ist hier gefragt.

Hier einige Beispiele zur Fragestellung:

Müll

Ozonloch

Luftverschmutzung

Abwasser

Stau

Lärm

usw. usw.

Ihr schreibt einfach alles auf, was Euch zum Thema Umwelt einfällt.

Wenn jeder Teilnehmer ungefähr 5 Ideen produziert, dann habt Ihr in 10 Minuten 25 bis 30 Umweltthemen. Jetzt müssen wir den Ideen eine gewisse **Ordnung** geben. Denn wir wollen herausfinden, welche Umweltthemen für uns wichtig sind, damit wir sie in Angriff nehmen können, um sie zu verbessern. Bei der Anwendung dieser Vorgehensweise hat sich gezeigt, dass es eigentlich fast immer drei Themenbereiche gibt, denen wir diese Ideen zuordnen können. Diese sind

Mensch – Gesetz – System

Mensch - bedingte Themen, also persönliches Verhalten zum Umweltschutz, sind z. B. Müll, Stau

Gesetz - bedingte Themen zum Umweltschutz sind Umweltverschmutzung, Abwasser, Müll (die Zuordnung einer Idee zu zwei Bereichen ist legal)

System - bedingte Themen, also systematischer Ansatz zum Umweltschutz, sind Umweltmanagementsysteme.

Ihr könnt natürlich auch andere Bereiche auswählen.

Jetzt kümmern wir uns um d i e Bereiche, denen wir unsere Umweltthemen zugeordnet haben. Beginnen wir mit **Gesetzen zum Umweltschutz**. Aber keine Sorge. Es wird jetzt nicht langweilig, wenn wir über Gesetze reden. Es ist ganz interessant, was sich in der Gesetzgebung zum Umweltschutz getan hat.

Fazit: wir haben gelernt, was Umweltthemen sind und wollen die wichtigsten davon näher kennenlernen und aufarbeiten.

Grundgesetz –
Bundesimmissionsschutz G –
Kreislaufwirtschafts- und Abfall G –
Emas und VO

Kapitel 2
Umweltrecht

Wichtige Gesetze zum

Schutz der Umwelt

Kapitel 2.1   Das Grundgesetz

Ihr habt bestimmt schon vom Grundgesetz gehört. Nach dem verlorenen zweiten Weltkrieg wurde die Bundesrepublik Deutschland gegründet. Die Gründungsväter gaben der Republik zum Aufbau des neuen Staates eine gesetzliche Regelung, das **Grundgesetz der Bundesrepublik Deutschland, das am 24. Mai 1949 in Kraft trat.**

Ihr kennt vielleicht den einen oder anderen Paragraphen (im Grundgesetz Artikel benannt);

Art. 1: Die Würde des Menschen ist unantastbar.

Art.3: Alle Menschen sind vor dem Gesetz gleich.

Art. 8: Alle Deutschen haben das Recht, sich ohne Anmeldung oder Erlaubnis friedlich und ohne Waffen zu versammeln.

Wenn wir nun durch die einzelnen Artikel gehen, um eine Regelung zum Schutz der Umwelt zu finden, dann scheitern wir. 1949 war der Schutz der Umwelt den Gründungsvätern fremd. Erst 45 Jahre nach Inkrafttreten des Grundgesetzes, also 1994, wurde der **Umweltschutz** in das Grundgesetz aufgenommen!! Dort heißt es:

Art. 20a: Der Staat schützt auch in Verantwortung für die künftigen Generationen die natürlichen Lebensgrundlagen und die Tiere im Rahmen der verfassungsmäßigen Ordnung durch die Gesetzgebung und nach Maßgabe von Gesetz und Recht durch die vollziehende Gewalt und die Rechtsprechung.

Der Hinweis „und die Tiere" bezieht sich auf den **Tierschutz**, der im Jahr 2002 ebenfalls in das Grundgesetz aufgenommen wurde.

Interpretieren wir den Art. 20a: Der Staat schützt die natürlichen Lebensgrundlagen, also auch für die Generation meiner Töchter und meiner Enkelkinder!! Und wie sieht es im wahren Leben aus?

- Die Treibhausgase nehmen weiter zu
- Stickoxide gefährden unsere Gesundheit
- Müllberge wachsen
- Plastikmüll verunreinigt die Ozeane
- Gletscher schmelzen
- Felsstürze bedrohen ganze Ortschaften
- Krankheitskeime werden resistent gegen Antibiotika
- Äpfel werden bis zum Verzehr 28 mal gespritzt
- Das Waldsterben ist nicht gestoppt worden

Das ist deprimierend, das muss sich ändern! Wir müssen was tun! Und wir zeigen dazu einen Weg auf; einen Weg, den wir alle beschreiten müssen!

Umweltschutz – umgangssprachlich Ökologie, bezeichnet die Gesamtheit aller Maßnahmen zum Schutze der Umwelt, um die Gesundheit des Menschen zu erhalten.

Der Artikel 20a besagt, dass der Staat Gesetze erlassen muss, um seiner Verantwortung zum Schutz der Umwelt gerecht zu werden. Also machen wir wieder eine kleine Übung zum Thema **Umweltschutzgesetze.**

§   §   §   §   §

Lasst uns aber vorher noch einige Begriffe klären! Die Gesetzgebung der Bundesrepublik wird stark beeinflusst durch die Gesetzgebung der Europäischen Union.

EU Verordnung: In der EU ist eine „Verordnung" ein Gesetz. Z.B. die <u>EG Verordnung</u> zu einem Umweltmanagementsystem (EMAS).
EG = Europäische Gemeinschaft, heute Europäische Union EU.

EU Richtlinie: Eine von der EU verfasste Richtlinie verpflichtet die EU Mitgliedsländer, die Anforderungen der Richtlinie in einer bestimmten Frist (z.B. drei Jahre) in nationales Recht umzusetzen. Z.B.: Die Europäische Wasserrahmenrichtlinie 2000/60/EG wurde in das deutsche

Wasserhaushaltsgesetz (WHG) vom 31. Juli 2009 umgesetzt. Wir kommen später auf das WHG zurück.

Bundesgesetze sind Rahmengesetze, deren Anforderungen in **Verordnungen (Durchführungs- VO)** geregelt sind. Z.B. hat das Gesetz zur Luftreinhaltung, Geräusche und Erschütterungen, das Bundesimmissionsschutzgesetz kurz **BImSchG**, 73 Paragraphen und über 40 Verordnungen, z.B. die 16. VO regelt Anforderungen an den Verkehrslärmschutz.

Des Weiteren gibt es Technische Regeln, Kommunale Satzungen u.a.

Kapitel 2.2   Umweltschutzgesetze

Übung: Kennt Ihr irgendwelche Gesetze, Regelungen oder Richtlinien zum Schutz der Umwelt?

____

____

____

____

____

____

____

Die Übung zeigt uns, dass es viele gesetzliche Regelungen gibt, um unsere Umwelt zu schützen, auch wenn uns der genaue Gesetzestext meistens nicht bekannt ist.

Was glaubt Ihr? Wieviel Gesetze zum Umweltschutz gibt es in Deutschland?

5	**10**	**30**	**oder mehr**

(Auflösung Seite 27)

Erinnert Ihr Euch noch, wann der Umweltschutz in das Grundgesetz aufgenommen wurde?

Das war 1994. Das heißt aber nicht, dass erst ab 1994 in Deutschland Umweltschutz per Gesetzeskraft betrieben wurde. Auch vor 1994 gab es schon eine Vielzahl von Schutzgesetzen. Hier einige Beispiele:

- das Abfallbeseitigungsgesetz von 1972
- das für die Luftreinhaltung bedeutende Bundes-Immissionsschutzgesetz von 1974
- das Wasserhaushaltsgesetz von 1976
- das Chemikaliengesetz von 1980

Das Umweltrecht lenkt **menschliches Verhalten** zur Verwirklichung einer nachhaltigen, dauerhaft umweltgerechten Entwicklung auf der Grundlage des

- **Vorsorgeprinzips**
- **des Verursacherprinzips und des**
- **Kooperationsprinzips.**

Was bedeuten diese Prinzipien im Einzelnen?

Kapitel 2.3   Prinzipien Umweltrecht

Das **Vorsorgeprinzip**

Der Begriff Vorsorge ist Euch ja aus dem täglichen Leben bekannt.

Frage: Könnt Ihr einige Beispiele zu „Vorsorge" aufschreiben?________________________________

____

____

____

____

____

Die Schule beginnt um 8 Uhr. Ihr müsst mit der S-Bahn fahren und den Zug um 7.23 Uhr erwischen. Was ist Eure Vorsorge? Rechtzeitig aufstehen, wahrscheinlich mit Wecker! Und den Wecker so stellen, dass Ihr nicht gehetzt von zu Hause zur S-Bahnstation rennen müsst, denn das könnte zu Unachtsamkeiten und damit zu Unfällen führen.

- Wie nur könnt Ihr Eure Gesundheit erhalten? Nur durch Vorsorge: gesund ernähren (nicht nur Pizza und Cola), Sport treiben, nicht rauchen; Alkohol in Maßen, Vorsorgeuntersuchungen wahrnehmen (Krebsvorsorge).

- Das gelbe Licht an der Verkehrsampel ist Vorsorge. Es ermahnt Euch, rechtzeitig zu bremsen, damit Ihr nicht bei Rot über die Kreuzung fahrt und einen Crash riskiert.

Nur die Vorsorge verhindert Fehler/Probleme. Das ist uns eigentlich bewusst; aber verhalten wir uns auch dementsprechend?

Und was ist Eure Vorsorge, die Ihr zum Schutz der Umwelt betreibt? Wir betrachten diese Thematik bei den einzelnen Umweltthemen, die wir später erarbeiten.

Auflösung der Frage von Seite 24: das Umweltrecht umfasst rund 50 Einzelgesetze

Das **Verursacherprinzip**

Das Verursacherprinzip sagt knapp und deutlich:

Wer verunreinigt, zahlt!

An einem persönlichen Erlebnis möchte ich verdeutlichen, was das Verursacherprinzip bedeutet.

Ich hatte ein Tochterunternehmen eines weltweit agierenden Lebensmittelkonzerns beim Aufbau eines Umweltmanagementsystems beraten. An einem Montagmorgen betrat ich das Büro des UM Beauftragten und sah mich zwei Polizisten gegenüber; der UMB war noch nicht anwesend. Die Polizisten durchsuchten die Schränke und nahmen zahlreiche Ordner mit Dokumenten zum UM-System mit.

Was war geschehen?

Das Unternehmen wollte Gefahrstoffe als Abfälle der Margarineherstellung entsorgen. In einem Prozess des Umweltmanagementsystems wurde das Procedere detailliert beschrieben. Man übergab die Fässer einem Spezialtransportunternehmen, dessen Aufgabe es war, die Fässer ordnungsgemäß dem Entsorgungsunternehmen zu übergeben. Und was hat die Transportfirma gemacht? Sie hat die Fässer an einer Autobahnraststätte illegal entsorgt. Es war nur eine Frage der Zeit, wann die Fässer irgendjemandem auffallen mussten.

Als dann die Polizei eingeschaltet

wurde, begann die Recherche. Man konnte das Unternehmen ausfindig machen, die örtliche Polizei „besuchte" unangemeldet die Firma und das Büro des UM Beauftragten und sicherte Dokumente zu diesem Vorfall.

Wie ist die Geschichte ausgegangen? Jahre später teilte mir der UM Beauftragte mit, dass das Tochterunternehmen zu einer Geldstrafe verurteilt wurde mit der Begründung, es hätte alles getan werden müssen, um die Fässer ordnungsgemäß zu transportieren und zu entsorgen. und sei es, mit dem eigenen PKW „hinterher zu fahren"! Und die Gefahr einer Verunreinigung sei ja nicht auszuschließen.

Wer verunreinigt, zahlt!

Das dritte Prinzip im Umweltrecht: das

Kooperationsprinzip

Die Bayerische Staatsregierung hat mit der bayerischen Wirtschaft einen Pakt geschlossen, den

Umweltpakt Bayern.

Das war bereits im Jahre 1995. Staat und Wirtschaft verpflichten sich zu einem <u>kooperativen</u> Umweltschutz mit dem Ziel eines nachhaltigen Wachstums. Im Vordergrund stehen dabei freiwillige Leistungen zur vorausschauenden Vermeidung künftiger Umweltbelastungen (z.B. Einführung von EMAS; s. nächstes Kapitel).

Fassen wir noch einmal zusammen:

Die Rechtsprechung zum Schutz der Umwelt steht unter drei Prinzipien, dem

- **Vorsorgeprinzip**, dem
- **Verursacherprinzip** und dem
- **Kooperationsprinzip**.

Stellt Euch vor, Ihr macht Euch beruflich selbständig. Sagen wir, Ihr öffnet eine Würstchenbude. Ihr seid sehr erfolgreich und habt innerhalb von zwei Jahren schon fünf Filialen. Ihr merkt aber auch sehr schnell, dass Probleme auftreten, denn wer ist z. B. für den Einkauf der Lebensmittel und Verpackungsmaterialien verantwortlich in den fünf Filialen? Wer macht die Buchhaltung? Wer initiiert die Werbung und wer ist für die Sauberkeit zuständig? Ihr merkt sehr schnell: Ihr müsst Euch organisieren. Und das systematisch. Im modernen Management sprechen wir von einer Aufbauorganisation und von einer Ablauforganisation, dazu gehören

Aufbauorganisation heißt, Ihr müsst die Firma erst aufbauen, also das Fundament bereiten. Dazu gehören:

- Aufgaben und Verantwortlichkeiten beschreiben
- Organogramm erstellen
- Kommunikation regeln
- Schulungen durchführen
- Leitlinien (Umweltpolitik) durch Geschäftsleitung

Ablauforganisation heißt, wie läuft alles ab in der Firma ohne Reibungspunkte aber mit Verantwortlichkeiten

- Prozesse /Arbeitsabläufe detailliert beschreiben
- Verantwortlichkeiten regeln
- Dokumentation aufbauen
- Ziele für alle verständlich setzen
- Bewertungen durchführen
- Auditsystem erarbeiten

Da Ihr aufgeschlossen seid gegenüber den Belangen des Umweltschutzes wollt Ihr diesen gleich integrieren in die neue Managementstruktur Eures Unternehmens. Dazu habt Ihr zwei Möglichkeiten: die ISO 14001 oder EMAS.

ISO 14001

Wir wollen zunächst die **ISO 14001** durcharbeiten. Diese von der „International Standard Organisation-ISO" mit Sitz in Genf herausgebrachte Norm zu einem Umweltmanagementsystem (UM-System) gilt international und wurde vom „Deutschen Institut zur Normierung-DIN" als DIN ISO 14001 übernommen (EU als EN-Norm) und damit deutschen Unternehmen, egal welcher Branche, zur strukturierten und systematischen Arbeit zum Umweltschutz auf freiwilliger Basis empfohlen. Das System ist ähnlich aufgebaut wie die ISO 9001 für Qualität und deckt damit alle Anforderungen an ein modernes Managementsystem ab. Die Norm hat 5 Kapitel (0-4), wobei das Kapitel 4 die fünf Kernelemente des UM-Systems darstellen. Diese sind

Umweltpolitik: Das sind die Leitgedanken zum Schutz der U.

Planung: Welche Umweltthemen (Umweltaspekte) planen wir mit welchen Zielen und mit welchem Programm; einschließlich aller Gesetzesauflagen.

Umsetzung und Durchführung: Wir schaffen eine Organisationsstruktur, regeln die Kommunikation, schulen alle Mitarbeiter einschließlich der Führungskräfte und lenken eine Dokumentation zur erfolgreichen Umsetzung der Umweltschutzziele. Das alles wird in Prozessen festgeschrieben.

Überwachung und Korrekturmaßnahmen: Messbare Ergebnisse zeigen uns den Erfolg oder Misserfolg aller Maßnahmen.

Bewertung: Die Geschäftsleitung bewertet regelmäßig das System.

Die Norm bietet die Möglichkeit, das UM-System durch neutrale Organisationen zertifizieren zu lassen. Das **Zertifika**t ist ein „Aushängeschild" für jedes Unternehmen, denn es zeigt z. B. allen Kunden die intensiven und erfolgreichen Bemühungen zum Umweltschutz. Auch ohne Zertifizierung hilft euch diese Norm, ein modernes Managementsystem aufzubauen.

EMAS

Neben der internationale Norm ISO 14001 gibt es noch eine Europäische Norm, die **EMAS** . Die Europäische Union hat seit den 1990er Jahren verstärkte Anstrengungen zum Schutz der Umwelt unternommen. Da es der EU selbst nicht möglich ist hierbei aktiv zu werden hat sie eine Verordnung (Gesetz) erlassen, die VO Nr. 761/2001 über die <u>freiwillige</u> Beteiligung von Organisationen an einem Gemeinschaftssystem für das Umweltmanagement und die Umweltbetriebsprüfung EMAS. EMAS ist die Abkürzung der englischen Bezeichnung für **E**nvironmental **M**anagement and **A**udit **S**ystem. Der Aufbau des Systems ist umfassender als die ISO 14001 und beinhaltet:

Umweltpolitik: Das sind die Leitgedanken.

Umweltprüfung ist die Bestandsaufnahme aller Maßnahmen.

Umweltprogramm : Alle Maßnahmen zur Erreichung der Umweltziele.

Umweltmanagementsystem: hier wird komplett die Iso 14001 übernommen.

Umweltbetriebsprüfung: Umfassende Bewertung und Dokumentation der Umweltleistung.

Umwelterklärung: Hiermit erklärt sich das Unternehmen gegenüber der Öffentlichkeit zu seinen Umweltschutzmaßnahmen. Ihr könnt von jedem EMAS-Unternehmen (Internet) die Umwelterklärung kostenlos anfordern! Sehr interessant! 

Externe Begutachtung: Eine unabhängige Person begutachtet die Organisation bzgl. aller Umweltschutzmaßnahmen.

Registrierung: Statt eines Zertifikats wie bei der ISO Norm wird das Unternehmen offiziell registriert und damit zum Ausdruck gebracht, dass das System erfolgreich eingeführt wurde.

Ihr habt jetzt ein Managementsystem in Eurem Unternehmen aufgebaut und damit das Fundament für eine erfolgreiche Zukunft bereitet. Euer visuelles Managementhaus beruht auf einem starken Fundament/Ressourcen, das sind die Mitarbeiter und die gesamte Hardware. Drei Säulen für Qualität, Umwelt und Arbeitssicherheit stabilisieren das Dach, nämlich das integrierte Managementsystem.

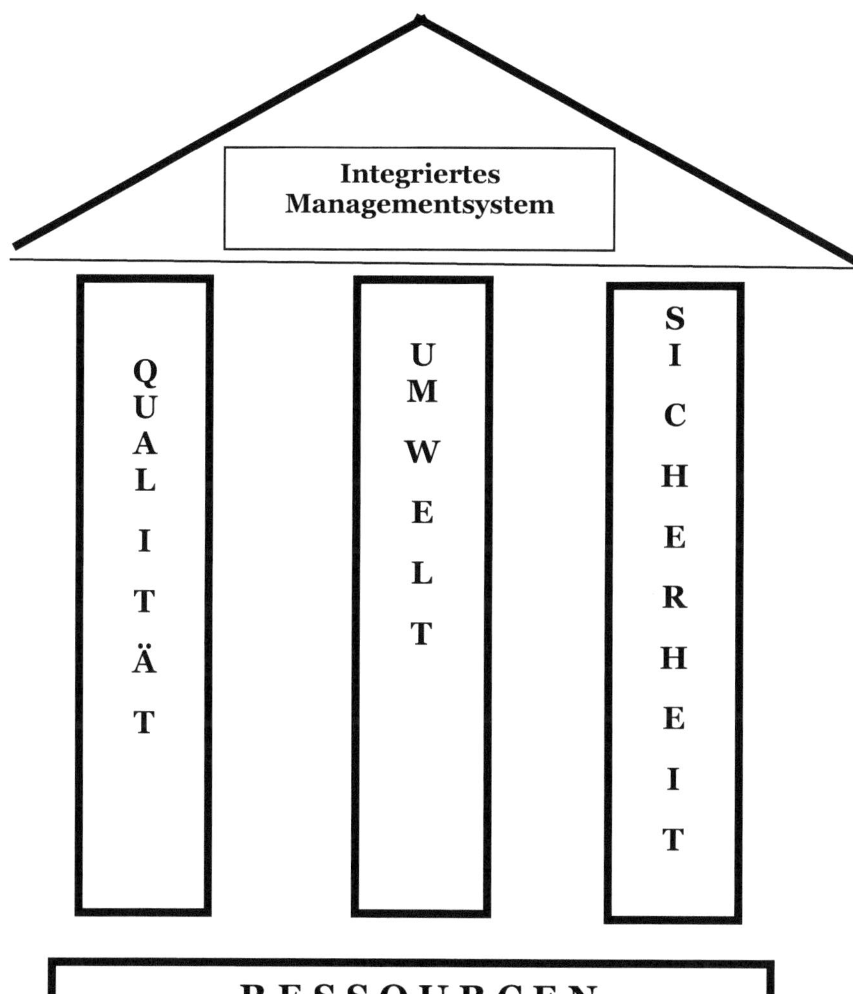

Kapitel 3
Umweltthema Wasser

Es regnet, es regnet, die Erde wird nass,

bunt werden die Blumen und grün wird das Gras.

Mairegen bringt Segen, und werden wir nass,

so wachsen wir lustig wie Blumen und Gras.

Wir alle kennen dieses Kinderlied, das es in verschiedenen Variationen gibt.

Draußen regnet es. Ihr schaut aus Eurem Zimmer den Regentropfen zu und dabei kommen Euch die Gedanken: Wo fließt das Wasser, das vom Himmel kommt, eigentlich hin? Und je mehr Ihr darüber nachdenkt, desto klarer werden Eure Antworten.

Der Niederschlag, der auf die Erde kommt, fällt

1. auf den Rasen
2. auf den Acker
3. in den Wald
4. auf die Straße
5. auf das Hausdach
6. auf den Parkplatz mit den vielen Autos.

Und dabei passiert folgendes: Auf bewachsenen, unbefestigten Flächen (Garten, Acker, Wald) **verdunstet** nahezu zwei Drittel des Regenwassers und trägt zu erneuter Wolkenbildung bei.

Etwa ein Viertel **versickert** im Boden und ermöglicht somit eine Neubildung des Grundwassers.

Und der Rest **fließt oberflächlich** ab.

Wenn Ihr in der Stadt lebt und den Regen beobachtet, werdet Ihr sehen, dass das Regenwasser fast vollständig oberflächig abfließt, meistens in die Kanalisation. Verdunsten kann kaum etwas und versickern praktisch gar nichts. Durch Bebauung werden aber immer mehr Flächen befestigt oder versiegelt, so dass immer weniger Wasser verdunsten oder versickern kann.

In Deutschland wird täglich eine Fläche von etwa 116 Fußballfeldern durch Häuser und Straßen versiegelt! Täglich!

Ein naturnaher Umgang mit Regenwasser ist da kaum mehr möglich. Dazu kommt, dass das auf den versiegelten Flächen abfließende Regenwasser in die Kanalisation stark verunreinigt ist, denn es nimmt Schmutz, Dreck, Müll, Staub, Kot, verrottete Blätter, Mikroorganismen, Chemikalien, eigentlich alles, was wir Menschen oder die Maschinen (Automobile) so „fallen" lassen, mit.

Mühsam und kostenaufwändig muss dieses Wasser gereinigt werden, erst dann kann es der Natur zurückgegeben werden.

Seid Euch bewusst, wie kostbar Regenwasser ist. Habt Ihr Vorschläge, wie man den naturnahen Umgang mit Regenwasser verbessern kann?

1. **Vorschlag**:

Wir sammeln Regenwasser und nutzen es als Brauchwasser zum Blumengießen, zur Raumreinigung, zur Autopflege oder Toilettenspülung; bei letzterem sind die Architekten besonders gefragt, um nach praktikablen Lösungen zu suchen.

2. Vorschlag

Wir sorgen für durchlässige Flächenbeläge wie z. B. die Rasengittersteine, die Regen verdunsten und versickern lassen. Auch Holzroste auf Terrassen lassen Regenwasser versickern.

3. Vorschlag

Garageneinfahrten, Vorplätze oder Parkplätze werden nicht asphaltiert oder mit Steinplatten belegt, sondern mit Splitt. Das Regenwasser kann in den Boden versickern. Bei der Hofpfisterei München läuft 2017/18 ein Projekt zur Entsiegelung der Parkplatzflächen.

4. Vorschlag

Die Bundesregierung strebt in ihrer Nachhaltigkeitsstrategie neue Siedlungs- und Verkehrsflächen bis zum Jahr 2020 auf durchschnittlich 30 Hektar pro Tag (zwischen 2007 und 2010 waren es 87 Hektar pro Tag) zu reduzieren (Quelle: n-tv/Panorama 17. Januar 2013). Alle Experten sagen, dass dieses Ziel nie erreicht wird.

5. Vorschlag

Flachdächer von Häusern, Carports, Garagen, Müllcontainern u.a. werden begrünt. Damit wird die Verdunstung des Regenwassers stark gefördert.

6. Vorschlag

Volksbegehren: (SZ R11 vom 29.12.2017)

München – Das Volksbegehren „Damit Bayern Heimat bleibt; Betonflut eindämmen" hat die erste Hürde geschafft. „Wir haben die Marke von 25.000 Unterschriften überschritten, die wir für die Zulassung unseres Volksbegehrens brauchen"!

Ihr seht also, dass wir durchaus etwas tun können, um Regenwasser einem naturnahen Kreislauf zuzuführen. Wir wollen damit

- die Verdunstung fördern
- die Versickerung erhöhen und den
- Oberflächenabfluss verringern.

Gesetzliche Anforderungen

Bei der Nutzung von Regenwasser als Brauchwasser, z.B. für die Toilettenspülung, sind eine ganze Reihe von gesetzlichen und technischen Regeln zu beachten. Das ist Aufgabe der Architekten.

Unsere Erkenntnis aus dem Umweltthema Regenwasser

Was haben wir gelernt? Regenwasser, das auf die Erde fällt, verdunstet, versickert oder wird oberflächlich abgeleitet. Das Umweltproblem besteht darin, dass immer mehr natürliche Flächen durch Häuser und Straßen versiegelt werden, dadurch immer mehr Regenwasser in die Kanalisation fließt, immer weniger Wasser versickern kann, um Grundwasser zu bilden, und das Verdunsten und die Bildung neuer Regenwolken eingeschränkt wird.

Welchen, wenn auch bescheidenen, Beitrag wir leisten können, haben wir an Hand der 6 Vorschläge gezeigt.

Mach mit! Tu was!

Es ist die einzige Chance, die wir haben!

Übung:

Ihr steht morgens, sagen wir um 7 Uhr, auf und geht abends um 22 Uhr ins Bett. Innerhalb dieser 15 Stunden braucht Ihr zu ganz unterschiedlichen Anlässen Wasser. Für Euch ist das wahrscheinlich selbstverständlich und Ihr macht Euch darüber keine Gedanken. Nehmt Euch aber einmal 10 Minuten Zeit und schreibt in Stichworten auf, wann und wo und warum Ihr Wasser braucht:

Wozu braucht Ihr Wasser?

Und so könnten Eure Antworten lauten: Ihr benutzt Wasser zum

Trinken

Baden

Duschen

Zähneputzen

Wäsche waschen

Kochen

Geschirr spülen

Toilette spülen

Rasen sprengen

Wagenwaschen

Putzen

Und was ist das für Wasser, das Ihr täglich für die unterschiedlichsten Zwecke benutzt? Es ist

Trinkwasser in seiner reinsten Form!

Überlegt mal: Ihr nehmt Trinkwasser zum Rasen sprengen, zum Waschen, zum Duschen oder für die Toilette! Und Ihr nehmt nur einen geringen Teil des kostbaren Wassers zum Trinken oder beim Essen ein. Erkennt Ihr das Problem?

Habt Ihr eine Ahnung, wieviel Wasser Ihr täglich verbraucht? Nach verschiedenen statistischen Erhebungen sind es etwa **120 Liter pro Person**, täglich! Eine Gießkanne fasst 10 Liter. Ich verbrauche also 12 Gießkannen voll mit Trinkwasser! Jeden Tag. In Deutschland leben etwa 80 Millionen Menschen. Und jeder von ihnen braucht im Durchschnitt 120 Liter Wasser – täglich! Eine unglaubliche Menge.

Jeder Haushalt hat einen Wasserzähler, an dem Ihr exakt Euren Verbrauch ablesen könnt. Lasst Euch doch mal so einen Wasserzähler zeigen und schreibt eine Woche lang den Verbrauch auf!

Wie teilt sich der Verbrauch des Trinkwassers auf? (Wasserverbrauch-Wikipedia) Durchschnittswerte:

40 l	Toilettenspülung
30 l	Wäsche waschen
20-40 l	Duschen
5-15 l	Körperpflege
7 l	Putzen
7 l	Geschirr spülen
3 l	Trinken u. Kochen
ca. **120 l**	**Trinkwasser**

Als nächstes fragen wir uns, wo kommt denn das Wasser überhaupt her?

Richtig! Aus dem Wasserhahn! Und wie kommt es in den Wasserhahn?

Die Städte und Gemeinden, in denen Ihr lebt, haben die Verpflichtung, die Menschen mit Wasser zu versorgen. Dazu gibt es eine Reihe gesetzlicher Auflagen. Sie gewinnen das Wasser, pumpen es in die Rohre, die unter der Erde verlegt wurden, verteilen es an die Häuser und Letztendes in jeden Haushalt. Sie gewährleisten somit, dass alle Menschen Wasser zur

Verfügung haben und benutzen können. Interessiert es Euch, an welcher Stelle das Wasserrohr mit dem glasklaren Wasser in Euer Haus kommt, in dem Ihr wohnt? Fragt doch mal die Eltern oder den Hausmeister danach.

Welchen Bedarf müssen die Wasserämter decken?

80 Millionen Menschen in Deutschland müssen täglich mit Wasser versorgt werden und jeder Mensch verbraucht im Durchschnitt 120 Liter pro Tag.

Jetzt wird es aber interessant: Wo liegen denn die „Quellen" für das anscheinend uneingeschränkt verfügbare Wasser?

Unser Trinkwasser wird gewonnen aus

Grundwasser

Oberflächenwasser wie Flüsse oder Seen, auch Stauseen

Quellwasser.

- **Berlin** und Umgebung benutzt **Grundwasser**
- der Großraum **Stuttgart** bezieht sein Trinkwasser aus dem **Bodensee**

- die Stadt **Essen** wird versorgt mit **Oberflächenwasser,** z.B. **Flusswasser,** das mit moderner Technik aufbereitet werden muss.
- Und **München?** Direkt aus dem bayerischen Voralpenland kommt das Trinkwasser für die bayerische Hauptstadt. Aus drei verschiedenen Gebieten, dem Mangfall, dem Loisachtal und der Schotterebene fließt es quellfrisch in natürlichem Gefälle nach München. Es ist eines der besten Trinkwasser Europas.

Wasser ist das höchste Gut das wir haben und unser wichtigstes Lebensmittel. Es ist die Grundlage allen Lebens auf unserem Planeten. Pflanzen, Tiere und der Mensch benötigen Wasser zum Leben.

Ohne Wasser kein Leben!

Seit Jahrmillionen zirkuliert das Wasser auf der Erde in einem gigantischen Kreislauf. Es regnet vom Himmel; sickert in das Erdreich und bildet Grundwasser, tritt teilweise aus dem Boden wieder hervor als Quellwasser, das sich mit weiteren Quellen zu Bächen und Flüssen vereint, die dann ihr Wasser den Seen oder dem Meer zuführen; es verdunstet wieder, neue Regenwolken entstehen usw.

Natürlich ist alles viel komplizierter als hier beschrieben. Nicht umsonst spielt die Forschung der Wissenschaftler beim Wetter eine so große Rolle. Aber wichtig für uns Menschen ist die Erkenntnis, dass alles bei uns auf der Erde vom Wasser abhängt und dass wir daraus das Bewusstsein stärken müssen, äußerst sorgsam mit diesem Gut umzugehen!

Betrachtet doch mal die Oberfläche unseres Planeten auf einem Globus oder, noch viel wirksamer, auf einem Videoclip aus dem Weltall. Der **blaue Planet** zeigt uns, dass die Oberfläche mehrheitlich mit Wasser bedeckt ist.

Etwa zwei Drittel der Oberfläche unserer Erde sind mit Wasser bedeckt!

Also haben wir Wasser im Überfluss, könnten wir sagen. Weit gefehlt. Leider ist das Gegenteil von Überfluss der Fall:

Etwa 97 Prozent der gesamten Wassermenge ist **Salzwasser,**

weitere zwei Prozent stecken im **Polareis** und in **Gletschern**

und nur weniger als ein Prozent steht als **Süßwasser** zur Verfügung. (Quelle: stmuv.bayern.de virtuelles Wasser 2017)

Was für eine Dramaturgie!

Wir werden immer mehr Menschen auf der Erde, es gibt immer mehr Menschen, die in Trockengebieten leben, wir brauchen immer mehr Wasser, um Produkte herzustellen (wir kommen später unter dem

Thema „Virtuelles Wasser" darauf zurück), wir verunreinigen immer mehr Wasser und ....wir brauchen dafür immer mehr sauberes, genießbares Wasser! Kann das gut gehen???

In einer Sendung des ARD Weltspiegels vom 25. Februar 2018 wurde ein Bericht gebracht über die Wasserknappheit in Südafrika. Seit drei Jahren hat es keine nennenswerten Niederschläge mehr gegeben. Die Regierung begrenzt die tägliche Menge an Wasser pro Einwohner auf 50 Liter! Im Film wurde gezeigt, dass man sich beim Duschen in eine Schüssel stellen soll, um das Duschwasser aufzufangen, um es dann zur Toilettenspülung zu benutzen. Im Vergleich: Wir verbrauchen 120 Liter Wasser pro Tag pro Person!

Und was können, besser gesagt, was <u>müssen</u> wir tun? Jeder von uns, Du, Deine Freundin, Dein Nachbar, Deine Eltern. Was müssen wir tun, um die Ressource Wasser zu schonen?

Auf der Seite 46 habt Ihr in einem kurzen Brainstorming aufgeschrieben, wozu Ihr im Verlauf eines Tages Wasser braucht. Auf dieser Basis soll die nächste Übung dazu führen, dass jeder Einzelne von Euch aufschreibt, wo und wie er Wasser sparen kann und denkt immer daran, dass wir über reinstes Trinkwasser sprechen:

Übung zum Thema Trinkwasser

Frage: Wo und wie könnt Ihr Wasser einsparen?

Die Stadtwerke München geben folgende Tipps zum Wasser sparen: (www.swm/Privatkunden/m-wasser.html)

- Lieber duschen als baden; zum Vollbad braucht Ihr 160 Liter Wasser, zum Duschen nur 30 – 50 Liter.
- Die Dusche während des Einseifens abstellen.
- Beim Zähneputzen oder Nassrasieren immer wieder den Wasserhahn abdrehen; in drei Minuten verschwinden rund 20 Liter im Ausguss.
- Benutzt Mikrofasertücher beim Reinigen; Ihr braucht dann weniger Reinigungsmittel, die das Abwasser stark belasten.
- Gießt eure Blumen im Garten oder den Rasen in heißen Monaten in den Abendstunden. Vorteil: je kühler es draußen ist, desto weniger Wasser verdunstet.
- Gießt im Garten mit Regenwasser! Es ist recht einfach, über die Regenrinne das Wasser in einer Tonne aufzufangen.
- Die Toilette ist kein Mülleimer! Schont das Abwasser! Nicht in die Toilette gehören Essensreste, Medikamente, Zigarettenkippen, Q-Tipps, Hygieneartikel oder Katzenstreu.
- Auch mit wassersparenden Armaturen kann der Verbrauch beachtlich reduziert werden.

Trinkwasser - Verordnung

Die Qualität des Trinkwassers soll im Hinblick auf die menschliche Gesundheit geschützt und verbessert werden. Dazu wurde die **Trinkwasserverordnung, TrinkwV 2001** geschaffen. Sie basiert auf dem „Gesetz zur Verhütung und Bekämpfung von Infektionskrankheiten beim Menschen" und der EG Trinkwasserrichtlinie. In der Verordnung sind die wichtigsten Punkte geregelt:

- Die Beschaffenheit des Trinkwassers
- Die Aufbereitung des Wassers
- Die Pflichten der Wasserversorger sowie
- Die Überwachung des Trinkwassers

Die aktuelle VO stammt vom 18. November 2015.

Quellwasser bei der Ladizalm im Karwendel

Abwasser

Wir haben gelernt, dass wir im Durchschnitt pro Tag pro Person 120 Liter Trinkwasser verbrauchen. Nur 3 Liter davon benötigen wir zum Trinken und Kochen (s. S. 49). Und was geschieht mit dem Rest? Ca. 117 l Wasser gehen als **Abwasser** täglich in die Kanalisation und von dort in die Kläranlagen. Und dafür müssen wir natürlich zahlen. Wir zahlen also für unseren Haushalt in Garching bei München das Frischwasser, das wir von den Stadtwerken München beziehen und das Abwasser, das die Stadt Garching uns berechnet. Die Stadt Garching lässt sich von München unseren Wasserverbrauch geben und berechnet daraus die Abwassergebühr. In manchen Kommunen wird neben der Abwassergebühr auch eine sog. Niederschlagswassergebühr verlangt; eine Gebühr für das Einleiten von Regenwasser, das über bebaute oder versiegelte Flächen nicht ins Erdreich sickern kann

In manchen Kommunen wird neben der Abwassergebühr auch eine sog. Niederschlagswassergebühr verlangt; eine Gebühr für das Einleiten von Regenwasser, das über bebaute oder versiegelte Flächen nicht ins Erdreich sickern kann sondern in die öffentliche Kanalisation fließt. Wir haben diese Problematik im Kapitel 3.1 beschrieben.

herzlichen Dank für Ihr Vertrauen.
Für unsere Leistungen im **Abrechnungszeitraum 05.03.2016 - 18.02.2017** haben wir Ihre Rechnung erstellt.

Leistungen	Verbrauch	Verbrauch letzte Rechnung vom 20.02.2015 bis 04.03.2016	Nettobetrag	Umsatzsteuer	Bruttobetrag
M-Erdgas	28.398 kWh	28.264 kWh	1.363,07	258,98	1.622,05 EUR
M-Wasser	152 m³	164 m³	312,30	21,86	334,16 EUR
Gesamt			1.675,37	280,84	1.956,21 EUR
Geleistete Zahlungen					
Geleistete Abschlagszahlungen			1.677,50	280,50	1.958,00 EUR
Guthaben fällig am 06.03.2017					-1,79 EUR

Unsere private Abrechnung zum Wasserverbrauch (M-Wasser)
und zur Abwasserbeseitigung.

ABWASSERBESEITIGUNG

ABRECHNUNGSBESCHEID

Kassenzeichen: 03 00012018 0001

bei Zahlung und Schriftwechsel unbedingt angeben

Auf der Grundlage der Beitrags- und Gebührensatzung zur Entwässerungssatzung der Stadt Garching b. München (BGS-EWS) werden folgende Gebühren festgesetzt:

Abrechnung 2016 / Vorauszahlung 2017

Grundstückslage:	Arberweg 18

Abrechnung:	
Berechnungsgrundlage	Betrag
Verbrauchsgebühr 1,10 € x 152 m³	167,20 €
Gesamtbetrag	167,20 €
festgesetzte Vorauszahlungen	180,00 €
Nachforderung / Gutschrift (-)	-12,80 €

Unsere Erkenntnis aus dem Umweltthema Trinkwasser

Was haben wir gelernt? Trinkwasser ist der Quell unseres Lebens und das wichtigste Lebensmittel überhaupt. Damit alle Menschen genügend Trinkwasser haben, wird es von den Wasserversorgungsämtern aus dem Grundwasser, aus Oberflächenwasser und aus Quellwasser gewonnen. Von dem uns zur Verfügung stehenden Wasser benutzen wir etwa 2,5 % als Trinkwasser. Der größte Prozentsatz fällt auf die Toilettenspülung, das Duschen und Wäsche waschen. Dieses Wasser geht als Abwasser in die Kanalisation. Um dem Vorsorgeprinzip (s. S. 26-27) gerecht zu werden und um die Ressource Wasser zu schonen, müssen wir Wasser einsparen. Wo es dazu Möglichkeiten gibt, haben wir gezeigt.

Mach mit! Tu was!

Es ist die einzige Chance, die wir haben!

Die einzige Hoffnung für die Erde

besteht darin,

dass es der Menschheit gelingt,

mehr Probleme zu lösen

als auszulösen.

Henriette Wilhelmine Hauke

1785 - 1862

Fair Trade

Nachhaltigkeit

Wenn Ihr beim Lidl oder Aldi Lebensmittel oder andere Produkte einkauft, habt Ihr schon mal auf Produkte mit einem **„Fair Trade" Siegel** geachtet? Habt Ihr direkt danach gesucht? Wenn nein, warum nicht?

Was sagt uns dieses Siegel? Fair Trade bedeutet übersetzt fairer Handel und damit wollen wir das Thema Wasserversorgung, bisher stark lokal und personenbezogen betrachtet, nun global sehen. **Globalisierung!** Die Globalisierung ist ein vielseitig und heiß diskutiertes Thema und betrifft jeden von uns. Und was bedeutet Globalisierung? In dem Begriff steckt der Globus, also die Weltkugel. Das Wort lässt sich deshalb am besten mit „weltumfassend" übersetzen. Die Welt rückt immer mehr zusammen. Bedingt durch die modernen Kommunikationssysteme wie Internet und Mobiltelefon können Menschen auf der ganzen Welt besser und einfacher miteinander ins Gespräch kommen, sich austauschen und auch miteinander Geschäfte machen. Der Handel von Produkten, Dienstleistungen, politischen und kulturellen Gütern wird freier und Firmen bekommen die Möglichkeit, auf der ganzen Welt ihre Produkte herzustellen und zu verkaufen.

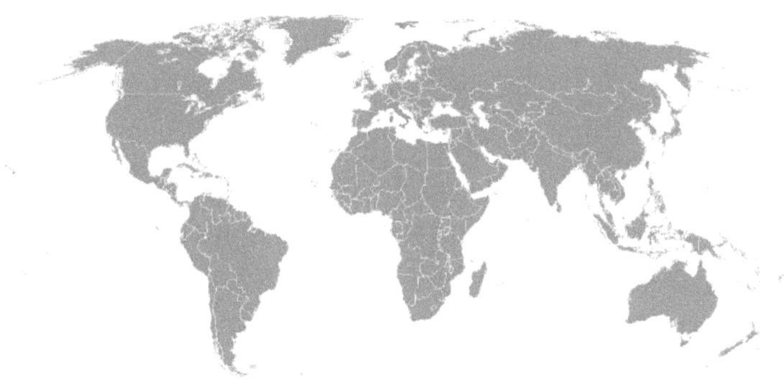

Viele Konzerne nutzen die Möglichkeiten der Globalisierung schamlos aus, indem sie in Billiglohnländern produzieren lassen, keine reellen Löhne bezahlen, Raubbau an den Ressourcen betreiben, damit Armut und Elend unter den Menschen fördern und die Gewinnmaximierung hemmungslos anstreben. Das hat nichts mehr mit den Zielen eines fairen Handelns zu tun, das ist Kapitalismus in seiner reinsten Form!

An drei Beispielen, die meine Frau Gaby und ich persönlich erlebt haben, möchte ich dieses schamlose Verhalten großer Konzerne aufzeigen.

Bananen aus Costa Rica

Während einer Urlaubsreise nach Costa Rica besuchten wir in der Nähe von San Jose eine Bananenplantage. Der Plantagenmanager erklärte uns den Prozess vom Anbau über die Arbeitsbedingungen, die Qualitätskontrolle bis zur Endverpackung. Der Bananenmarkt weltweit wird zu 80% von drei Konzernen beherrscht, die die Bananen unter dem Handelsnamen **Chiquita, Dole** und **Del Monte** vertreiben. Die Plantage selbst konnten wir nicht betreten, was uns aber auffiel, waren Unmengen von Plastikmüll und ein großer Berg von grünen Bananen. Diese grünen Bananen waren Abfälle, weil sie den Normen der Europäischen Union in punkto Krümmung, Durchmesser und Länge nicht entsprachen. Sie wurden als Lebensmittel aussortiert und als Futtermittel verkauft. Später im Bus erzählte uns der Reiseleiter von der Problematik im Bananenanbau: die Stauden werden während des Wachstums der Bananen mit Plastiksäcken umhüllt, die ein gleichmäßiges Klima in den Säcken ermöglichen und somit zu besseren Wachstumsbedingungen. Der Plastikmüll wird dann „entsorgt". Zur Vermeidung von Ungeziefer werden die Plantagen massiv mit Gift (Pestiziden, Herbiziden) besprüht. Die Arbeiter sind den Giften schutzlos ausgeliefert. Nach drei Jahren sind die Böden so stark mit Gift verseucht, dass die Plantage einfach aufgelassen wird.

Wolle aus Argentinien

Es war auf einer Reise durch Brasilien, Argentinien, Feuerland, Chile mit vielen Höhepunkten. Schier endlose Stunden fuhren wir durch Patagonien im südlichen Teil von Argentinien, vorbei an riesigen Ländereien. Die Benetton Group - einer der Gründungsväter 1965 war Luciano Benetton – besitzt seit 1991 riesige Ländereien in Patagonien, die im Eigentum der Mapuche Indianern waren. Benetton erwarb das Land, zäunte es ein und versperrte den Mapuche den Zugang. (Wikipedia: Benetton Group). Das Hauptinteresse von Benetton lag in der Nutzung der Ländereien als Weideflächen für Schafe zur Produktion von Wolle. Das Land wurde jedoch von der Benetton Group systematisch überweidet, d. h. es wurden mehr Schafe auf das Land getrieben, als es Futter hergab. Die Folge war, dass die Schafe nicht nur die äußeren Vegetationstriebe der Pflanzen fraßen, sondern auch deren Wurzeln! Das Land verödete und war nicht weiter zu benutzen. Außerdem hat Benetton die Wolle nicht im Produktionsland verarbeitet, was der einheimischen Bevölkerung Arbeit und Lohn gebracht hätte, sondern verschiffte die Wolle zur weiteren Aufarbeitung nach Italien. Auch hier ein Beispiel der schamlosen Ausnutzung von Ressourcen und menschlicher Arbeitskraft! Keine reellen Löhne plus Raubbau an den Ressourcen – so werden Armut und Elend erzeugt.

Nescafé in Ushuaia

Ushuaia auf Feuerland, die südlichste Stadt der Welt-FIN DEL MONDO – zeichnet sich aus durch täglich sehr wechselhaftes Wetter, einer Durschnitt-temperatur von 9,6° C und täglicher Helligkeit von fast 18 Stunden. Bars, Restaurants und Bistros laden ein zum Aufwärmen, zum Kaffee trinken oder zum Essen. Und dabei fiel uns auf, dass es überall, in den Hotels, Cafés oder Restaurants nur Nescafé gab. Keinen Bohnenkaffee , keinen Cappuccino, immer nur Nescafé . Und zum Essen, ob süß oder salzig, schön verpackte Snacks, ausschließlich Nestlé -Produkte.

Nestlé hat sich ein Imperium aufgebaut, das keine Konkurrenz zulässt und kann damit natürlich den gesamten Lebensmittelmarkt zu seinem Vorteil nutzen.

Nun aber wieder zum Thema **virtuelles Wasser.**

Unter virtuellem Wasser versteht man die Gesamtmenge an Wasser, die während des Herstellungsprozesses eines Produktes, eines Lebensmittels oder einer Dienstleistung

verbraucht (das blaue virtuelle Wasser)oder

verschmutzt (das graue virtuelle Wasser) wird oder

 dabei verdunstet (das grüne virtuelle Wasser)**.**

Dieses Wasser ist für uns nicht sichtbar, es ist versteckt und daher „virtuell". Das virtuelle Wasser und das, was wir direkt verbrauchen, ergibt unseren **„Wasser-Fußabdruck",** also unseren tatsächlichen Wasserverbrauch.

Wie ist Euer Konsumverhalten?

Habt Ihr im Dezember schon mal frische Erdbeeren gegessen? Oder Heidelbeeren oder Himbeeren? Überall in den Supermärkten findet Ihr ein reichhaltiges Angebot, jeden Tag. Sommerfrüchte im Winter?! Ist das nicht irrsinnig? Der Produzent sagt, der Handel wünscht diese Produkte und der Handel sagt, der Konsument fragt danach. Stimmt das? Wollt Ihr unbedingt im Winter frisches Gemüse und frische Erdbeeren haben? Wo und wie werden diese Früchte denn produziert? Und mit der Beantwortung dieser Frage erkennen wir das Problem.

Die Herstellung verlangt ausgeglichenes, warmes, feuchtes Klima, wie es in den Billiglohnländern in Südeuropa oder Nordamerika herrscht. Nur haben diese Länder ein ganz großes Problem, es fällt zu wenig Regen; sie leiden unter bedrohlichem Wassermangel. Je mehr aber produziert wird, desto mehr Süßwasser wird benötigt. Der Verbrauch an Wasser ist also umfangreicher als durch Niederschläge nachgeliefert wird.

Vor diesem Hintergrund bekommt der „virtuelle Wasserhandel" eine globale Bedeutung und wird zur Herausforderung für das Konsumverhalten in den Industrieländern.

Die Menge an virtuellem Wasser kann berechnet werden. Hier einige Beispiele, die aufhorchen lassen.

1 kg Erdbeeren	347 l
1 kg Tomaten	214 l
1 kg Paprika	379 l
1 kg Teeblätter	8.900 l
1 kg Röstkaffee	18.900 l
1 kg Kakao	15.600 l
1 Jeans	8.000 l
1 T-Shirt	2.500 l
1 kg Rindfleisch	15.400 l

(Quelle: STMUV Virtuelles Wasser 2017)

Nur nochmal zum Vergleich. Auf Seite 49 haben wir über den Durchschnittsverbrauch von Wasser pro Person und Tag gesprochen. Erinnert Ihr Euch noch daran? Wieviel Liter waren das? 120 Liter!

Und vergleicht jetzt mal diesen Wert mit der Menge an Wasser, das für die Produktion von Tomaten oder für ein T-Shirt benötigt wird! Das gibt uns doch zu denken!

Fragt doch mal Alexa, was sie zum Thema virtuelles Wasser und **Smartphone** sagt. Euer Smartphone ist Euer Kommunikationsgerät, das Ihr Tag und Nacht benutzt. Es ist bestimmt nicht das erste Gerät, das Ihr in den Händen haltet. Das wievielte benutzt Ihr denn? Und wo habt Ihr die Veralteten aufbewahrt? Alle zwei bis drei Jahre im Durchschnitt wird Euer Smartphone durch ein neues ersetzt. Betrachten wir jetzt einmal die Herstellung von Smartphones oder Tablets. Dazu werden viele Rohstoffe – wie zum Beispiel Seltene Erden – benötigt, deren Gewinnung viel Wasser und den Einsatz wassergefährdender Stoffe erfordert. Von der Herstellung der Mikrochips über das Formen und Fertigen der Metalle und Kunststoffe, von der Produktion der Batterien bis zum Polieren des Touchscreens – für alle Prozesse wird Wasser benötigt. Bei einem Smartphone kommen so im Durchschnitt pro Gerät 910 Liter zusammen! (Nochmal zum Vergleich: Ihr verbraucht pro Person pro Tag 120 Liter)!

Die Nutzungsdauer eines Mobiltelefons ist kurz: Im Durchschnitt wird in Deutschland jedes Gerät nur anderthalb bis zwei Jahre benutzt und dann durch ein neues ersetzt. Nach Schätzungen des Umweltbundesamts liegen derzeit in Deutschland über 60 Millionen Mobiltelefone unbenutzt in den Schubladen. Das virtuelle Wasser, das hinter diesen Altgeräten steht, beträgt annähernd 80 Millionen Kubikmeter! Würde man die Nutzung nur um ein Jahr verlängern, könnte ungefähr ein Drittel des Wassers eingespart werden. Das entspricht etwa dem jährlichen Gesamtwasserverbrauch von 38.000 Menschen in Deutschland. Natürlich ist das Smartphone nur ein Beispiel – aber für viele andere Industrieprodukte gilt Vergleichbares. Wenn Ihr das Smartphone öfters ausschaltet, spart Ihr Strom, der Akku hält länger und die Nutzungsdauer verlängert sich. Ihr müsst doch auch nicht immer das neueste Gerät kaufen, oder?? (Quelle: StMUV, virtuelles Wasser, 2017)

Mach mit! Tu was!

Es ist die einzige Chance, die wir haben!

Was können, was müssen wir tun? Zunächst sollten wir uns **informieren.** Informiert sein gibt uns Bildungsstärke, Überzeugungskraft und Argumente zum Handeln. Alle Beispiele, die in diesem Kapitel geschildert werden, haben Informationscharakter. Informiert Euch auch über die Medien! Fast täglich hört man erschütternde Nachrichten über Herstellungsbedingungen in Ländern der „Dritten Welt".

Aber wir wollen die Problematik der Globalisierung nicht nur unter dem Gesichtspunkt „Virtuelles Wasser" sehen, sondern auch unter den dramatischen Arbeitsbedingungen wie Zwangsarbeit, Kinderarbeit, Hungerlohn oder Ausbeutung.

Deshalb gewinnt der faire Handel immer mehr an Bedeutung.

Bananen oder Teppiche, Blumen, Kleidung, Schokolade oder Kaffee: die Palette fair gehandelter Produkte ist inzwischen reichhaltig.

Fair Trade ist der Schlüssel zum Abbau unwürdiger menschlicher Arbeit und schonungsloser Ausbeutung der Ressourcen.

Was bedeutet „Fair Trade"?

Fair Trade ist der Handel mit Produkten, bei deren Herstellung bestimmte soziale, ökologische und ökonomische Kriterien eingehalten werden.

Die Fair Trade Organisation setzt Spielregeln für einen fairen Handel. Sie basieren auf internationalen Standards. Diese sind das Regelwerk, das Kleinbauernorganisationen, Plantagen und Unternehmen entlang der gesamten Wertschöpfungskette einhalten müssen. Sie umfassen **soziale, ökologische** und **ökonomische** Kriterien, um eine nachhaltige Entwicklung der Produzentenorganisationen in den Entwicklungs- und Schwellenländern zu gewährleisten.

- **Soziale Standards** sind

Stärkung der Kleinbauern und Arbeiter durch Organisation von Kooperativen, Förderung gewerkschaftlicher Organisationen, geregelte Arbeitsbedingungen, Verbot ausbeuterischer Kinderarbeit, Diskriminierungsverbot.

- **Ökologische Standards** sind

Umweltschonender Anbau, Schutz natürlicher Ressourcen, Verbot gefährlicher Pestizide, kein gentechnisch verändertes Saatgut und Förderung des Bio-Anbaus.

- **Ökonomische Standards** sind

Bezahlung von Mindestpreis und Prämien, Nachweis über Waren- und Geldfluss, Richtlinien zur Verwendung eines Siegels, transparente Handelsbeziehungen sowie Vorfinanzierung.

Waren aus diesem fairen Handel sind mit dem Fairtradesiegel gekennzeichnet. Auch Firmen haben eigene Fairtradesiegel. Lidl z.B. „Fairglobe", Aldi „One World". (Quelle: fairtrade-deutschland.de). Die Gemeinde Haar bei München hat beschlossen, sich um den Titel Fair-Trade-Gemeinde zu bewerben. Fünf Geschäfte und drei Gastronomiebetriebe müssen mindestens zwei Produkte aus fairem Handel anbieten. Auch Schulen, Vereine und Kirchen sollen sich anschließen. Der Gemeinderat ist überzeugt, dass die Aktivitäten bei den Bürgern einen Bewusstseinswandel bewirken zur Wertschätzung der Lebensmittel, Abkehr von Massentierhaltung und Ökolandbau. (Süddeutsche Zeitung Nr. 59 R9).

Nachhaltigkeit

Der faire Handel lebt von der Überzeugungskraft und dem Engagement vieler tausend Menschen für mehr globale Gerechtigkeit. Und damit kommt das Thema **Nachhaltigkeit** in unser Bewusstsein.

Könnt Ihr „Nachhaltigkeit" beschreiben? Was bedeutet Nachhaltigkeit?

Eine Definition, die ich vor vielen Jahren gehört habe, überzeugt mich heute noch:

Wenn ich einen Baum fälle, muss ich einen neuen Baum pflanzen, das ist nachhaltig.

Diese 300 Jahre alte Definition gilt als „forstwirtschaftliches Prinzip", nach dem nicht mehr Holz gefällt werden darf, als jeweils nachwachsen kann".

Die umfassende Bedeutung dieses Prinzips – stark beeinflusst durch die Globalisierung – besagt, dass nicht mehr <u>verbraucht</u> werden darf, als jeweils nachwachsen, sich regenerieren oder künftig wieder bereitgestellt werden kann. Dieser Ansatz von Nachhaltigkeit bedingt ein erweitertes Erkennen der Realitäten, in dem es die Komponenten ökologisch, ökonomisch und sozial einbezieht. **Nachhaltigkeit besagt also, dass ökologische, ökonomische und soziale Ziele nicht gegeneinander ausgespielt, sondern gleichrangig angestrebt werden.**

Nachhaltigkeitszertifikate sollen dem Verbraucher signalisieren, dass die Unternehmen nachhaltig gewirtschaftet haben. (Quelle: Wikipedia, Nachhaltigkeit)

Die **Hofpfisterei München**, Spezialbäckerei für Ökobauernbrote, beschreibt im Nachhaltigkeitsbericht 2017 vorbildlich alle Bemühungen des Konzerns, CO_2-neutral zu produzieren. Die Bemühungen zum Umweltschutz, zum Engagement der Mitarbeiter sowie die Ökobilanz 2016 werden ausführlich beschrieben und mit Zahlen belegt!

Inzwischen ist eine deutliche Tendenz zu mehr **Nachhaltigkeit** bei den Unternehmen zu erkennen. Hier einige Beispiele:

Der Outdoor-Bekleidungshersteller **Deuter** verwendet zertifizierte Daunen und Federn aus artgerechter Haltung, achtet auf umweltgerechte Produktion und lässt seine Lieferkette auf faire Arbeitsbedingungen überprüfen.

Der Skibekleidungshersteller **Pyua** stellt seine Ware ausschließlich aus zertifizierten, recycelten und recycelbaren Materialien her. Über ein Rücknahmesystem holt das Unternehmen gebrauchte Pyua-Kleidung zurück und führt sie dem Produktionskreislauf wieder zu.

Adidas baut ein System auf, mit dem sich Plastikmüll aus den Ozeanen in den Produktionsprozess, zum Beispiel in der Schuhherstellung, zurückholen lässt.

Der Outdoorspezialist **Patagonia** geht regelmäßig mit seiner Reparaturinitiative Worn Wear auf Tour: Verbraucher können Outdoorkleidung gleich welcher Marke durch das Patagonia Team reparieren lassen.

Die Firma **Biber Umweltprodukte Versand GmbH** ist der *Nachhaltigkeit verpflichtet* und beschreibt ihr Klimaschutzpaket: *Unsere Pakete werden nur CO2-neutral verschickt. Dabei werden Transportemissionen über zertifizierte Klimaschutzprojekte ausgeglichen.*

Azubis der **Sonepar Deutschland GmbH** entwickeln einen Aktionsplan, mit dem der ganze Betrieb zum Lernort für Nachhaltigkeit wird. Der Aktionsplan versteht Nachhaltigkeit als Bildungsziel. Er entspricht den von den Vereinten Nationen 2015 verabschiedeten Zielen für eine nachhaltige Entwicklung, bekannt als **„Sustainable Development"**. (Quelle: IHK Magazin München und Oberbayern, 01/02/2018).

Das Bundesumweltministerium hat Leitfäden zur Nachhaltigkeit herausgegeben, z. B. „Nachhaltige Organisation von Veranstaltungen"; „nachhaltiges Bauen"; „nachhaltiger Tourismus". Diese können abgerufen werden unter bmub.bund.de/leitfaden.

Ihr seht an diesen Beispielen, welche Möglichkeiten Ihr habt, Euch aktiv in den Umweltschutz einzubringen.

Übung zu Fairtrade - Nachhaltigkeit:

Wenn Ihr Einkaufen geht, ob im Supermarkt, in Konfektions-, Sport- oder Multimediageschäften, fragt nach Fairtrade Produkten, nach zertifizierten Herstellungsbedingungen oder nach Nachhaltigkeit; schreibt dann das Geschäft und das Produkt auf und kommuniziert dies mit Euren Freunden, -innen.

Wir wollen damit die Thematik stärker in das Bewusstsein der Menschen bringen.

Unsere Erkenntnis aus dem Umweltthema Virtuelles Wasser, Fairer Handel, Nachhaltigkeit

Was haben wir gelernt? Bei den Themen „Trinkwasser" und „Regenwasser" haben wir erkannt, dass wir durch unser Verhalten direkten Einfluss nehmen können, um die Umwelt zu schonen. Beim „Virtuellen Wasser" und dem „Fairtrade" entzieht sich uns die direkte Einflussnahme am Geschehen vor Ort, verlagert sich allerdings an das Ende einer langen Wertschöpfungskette. Produkte mit Fairtrade Siegel und Nachhaltigkeitszertifikaten sind unsere neue

Sichtweise beim Einkaufen. Die Macht der Verbraucher ist so stark, dass wir durch den Kauf von Fairtrade Produkten positiven Einfluss nehmen können auf den Wasserverbrauch, die Arbeitsbedingungen und die Schonung der Ressourcen in den Ländern der Dritten Welt und damit einen Beitrag zur Nachhaltigkeit leisten können. Auch wenn die Produkte etwas teurer sein mögen, unser Beitrag zur Umweltschonung sollte uns das wert sein. Kauft Fair Trade Produkte!

Mach mit! Tu was!

Es ist die einzige Chance, die wir haben!

Franz Josef Gletscher Neuseeland

Erinnert Ihr Euch noch an die Schulzeit? Es war im Physikunterricht. Thema war der **Aggregatzustand.** Wisst Ihr noch, was das bedeutet?

Ein Aggregatzustand ist der Zustand, bei dem ein Stoff durch Temperatur oder Druck in einen anderen Aggregatzustand umgewandelt wird. Beim Wasser unterscheiden wir drei klassische Aggregatzustände:

- **gasförmig**
- **flüssig**
- **fest**

Im Kapitel **3.1 Regenwasser** haben wir gelernt, dass Regenwasser, das auf die Erde fällt und von Pflanzen aufgenommen wird, größtenteils verdunstet, also in gasförmigen Zustand versetzt wird.

Im Kapitel **3.2 Trinkwasser** und Kapitel **3.3 Virtuelles Wasser** haben wir uns ausschließlich auf den flüssigen Aggregatzustand konzentriert.

Und jetzt wollen wir noch den festen Aggregatzustand von Wasser, nämlich das Eis, am Beispiel der **Gletscher** betrachten.

Stoßen Regenwolken auf eine Kaltfront, fällt der Regen nicht in flüssiger Form sondern in Form von

Kristallen zur Erde. Frischer Schnee in seiner sehr unterschiedlichen Kristallform ist locker und damit von geringer Dichte. Setzt sich der lockere Schnee, wird er zu Altschnee oder auch Firn genannt. Firn besitzt bereits eine größere Dichte. Hat sich der Firn durch den Druck der Schneemassen in Eis verwandelt, ist er schwer und fest geworden (das sind die **Gletscher**) und kann sich wie eine zähe Masse ins Tal bewegen. In den Sommermonaten, wenn die Temperaturen steigen und der Schmelzpunkt von Eis erreicht wird, schmilzt das Eis, die Wassermassen fließen zu Tal, speisen Flüsse und Seen und füllen die Süßwasserreserven auf. Ein steter Kreislauf – Schnee, Firn, Eis, Wasser – der in höchster Gefahr ist.

Wunderwelt der Gletscher

Blick vom Eggishorn 2926 m auf den Aletschgletscher, den längsten Eisstrom Europas; Oberwallis Schweiz

Gletscher faszinieren den Menschen seit jeher. Gletscher sind unberührte Naturwunder, sensible Ökosysteme, Wasserspeicher, Orte der Schönheit und der Magie, der Beständigkeit und des Wandels zugleich. Diese Werke der Schöpfung und Evolution gilt es zu bewahren und zu schützen. Gletscher sind aber auch Mahnmale des Klimawandels. Sie reagieren in beispiellosem Tempo auf die Veränderung des globalen Klimasystems, das durch die Emission von **Treibhausgasen** aufgrund menschlicher Aktivitäten zunehmend erwärmt wird. Überall auf der Erde schmelzen Gletscher ab und ziehen sich in größere Höhen zurück.

Eisberge kalbender Gletscher auf der Lagune Jökulsarlon Island

An der Bayerischen Akademie der Wissenschaften wird seit etwa 50 Jahren Gletscherforschung betrieben. Also lange bevor das Umweltthema „Treibhausgase" in unser Gedächtnis kam. In einem Gletscherbericht von 2014 schlagen die Forscher Alarm: „Der Zustand der Gletscher in Bayern, aber auch alpenweit, ist besorgniserregend!" Ja, gibt es denn in Bayern überhaupt Gletscher und wenn ja wo, fragen wir uns? Wart Ihr schon mal auf einem Gletscher? Wintersportler unter Euch, die z. B. auf dem Zugspitzplatt Ski gefahren sind, waren sich wohl kaum bewusst, dass die gespurten Pisten auf Gletschern verlaufen.

In den bayerischen Bergen gibt es fünf Gletscher!

- Auf dem **Zugspitzmassiv** im Wettersteingebirge der Nördliche Schneeferner (Zuspitzplatt), der Südliche Schneeferner (Zugspitzplatt) - beide sind Teil der Skiarena auf dem Platt - und der Höllentalferner, den man bei der Besteigung der Zugspitze durchs Höllental queren muss.
- Zwei weitere Gletscher liegen in den Berchtesgadener Alpen auf dem Watzmann und dem Hochkalter.

Regionale Klimamodelle und Ergebnisse aus der Klimaforschung zeigen, dass insbesondere das sensible Ökosystem Alpen in den kommenden Jahrzehnten weiter von einem überdurchschnittlichen Lufttemperaturanstieg betroffen sein wird. So führt der Klimawandel zu einem Anstieg der Schneegrenze um 250 bis 300 m mit gravierenden Auswirkungen – auch auf die Gletscher. **Die Gletscher schmelzen ab**! Auf dem Zugspitzplatt wurden in den letzten Jahren keine Altschneereste am Ende des Sommers mehr beobachtet. Dies und das Fehlen eines Firnkörpers deuten darauf hin, dass der Gletscher sein Akkumulationsgebiet verloren hat. Daher werden voraussichtlich die **Gletscher in den nächsten 10 bis 15 Jahren abgeschmolzen sein**. Da hilft auch kein verzweifeltes Bemühen der Zugspitzbahn AG, die Gletscher in den Sommermonaten mit einer Riesenfolie abzudecken!! (Quelle: www.stmuv.bayern.de)

Nach neuesten Erkenntnissen der Wissenschaft steigt der Meeresspiegel infolge der weltweiten Gletscherschmelze schneller an als bisher berechnet. Bis zum Ende des Jahrhunderts könnte der Durchschnittspegel an den Küsten um 65 Zentimeter höher liegen als im Jahre 2005! (ARD Tagesschau 13.02.2018)

Unsere Erkenntnis aus dem Umweltthema

Gletscher - Eis

Gletscher sind ein hochsensibler Indikator für den Klimawandel. Steigen die Temperaturen schmilzt der Gletscher. Die Erderwärmung ist eine Folge des maßlosen Verhaltens des Menschen, der durch Konsumdenken und Streben nach Reichtum immer mehr Treibhausgase produziert. Klimatologen warnen seit Jahren vor den Folgen der Erderwärmung und die Politiker „feiern" die Ergebnisse weltweiter Klimakonferenzen, allein bei der konsequenten Umsetzung der Ziele wandelt sich die Einstellung dieser Menschen zu einer Alibifunktion für das politische Handeln.

Wir gehen im „Kapitel 5 Emissionen – Immissionen" näher auf die Problematik Treibhausgase ein.

Jetzt verabschieden wir dieses Umweltthema Gletscher - Eis mit der Erkenntnis, dass wir mitten drin stecken in der Klimakatastrophe und nur ein radikales Umdenken die Menschheit vor großen Katastrophen retten kann.

Mach mit! Tu was!

Es ist die einzige Chance, die wir haben!

Kapitel 4

Unser
Umweltbewusstsein

Betrachten wir einmal „unsere" Umwelt, in der wir leben. Sie zu schützen ist unser Wille, bedingt unser Tun und hängt ab von unserer Umweltleistung. Wir werden erfolgreich sein, wenn wir verstanden haben, um was es geht. Unser Bewusstsein sagt uns, dass wir etwas tun müssen. Aber reicht das überhaupt? Ein „Weiter so" ist keine Alternative. Wir müssen neue Ideen entwickeln, neue Ziele setzen

Und wie sieht es mit der Erkenntnis zum Umweltschutz der Bürger aus, der 80 Millionen Menschen, die in Deutschland leben? Reicht das bisherige Verständnis zum Umweltschutz aus, um den immer steigenden Umweltbelastungen Herr zu werden? Natürlich nicht! Umweltschutz hängt von allen Menschen ab, wir müssen jedoch mehr leisten als bisher, um die Umwelt zu retten. Wir müssen uns mehr engagieren, mehr informieren und mehr mit der Thematik beschäftigen. Wir müssen uns also in unserer bisherigen Einstellung zur Umwelt ändern.

Kann man die Menschen ändern?

Nein, die Menschen können wir nicht ändern. Was wir aber ändern können und müssen ist das Verständnis und das Bewusstsein der Menschen für den Umweltschutz. Wir müssen die Menschen in ihrer Einstellung zur Umwelt fördern, nur dann werden sie sich auch entsprechend verhalten.

Wir sprechen also von einem verhaltensorientierten Umweltbewusstsein, das darauf beruht, das

Verständnis zum Umweltschutz so zu fördern, dass wir alle uns auch entsprechend so verhalten!

Und wie erreichen wir das? In diesem Leitfaden zeigen wir Wege auf, die wir beschreiten wollen und die uns die notwendige Orientierung dazu geben:

Wir wollen die **Menschen** zum **Mitdenken**

und **Mitmachen** bringen

Leitgedanken zum Umweltschutz

Wir sind an einem entscheidenden Punkt angelangt: Gelingt es, die Menschen in ihrem Bewusstsein und Verständnis zum Umweltschutz zu ändern, sie für den Umweltschutz zu motivieren, dann werden wir erfolgreich sein. Hilfreich dabei können einige Leitgedanken sein, die uns stets begleiten sollen.

Wenn Ihr eigene Ideen dazu habt, könnt Ihr gerne folgende Leitgedanken zum Umweltschutz ergänzen.

- Wir wollen uns informieren
- Wir sind aufgeschlossen gegenüber der Umwelt
- Wir wollen uns Ziele setzen
- Mit Umweltschutz meistern wir die Zukunft
- Umweltschutz öffnet uns die Augen für die Natur
- Wir wollen Freunde, Bekannte, Mitschüler, Nachbarn für den Umweltschutz motivieren
- Wir respektieren Tatsachen (z.B. das Schmelzen der Gletscher) und stellen sie nicht in Frage
- Wir übernehmen Eigenverantwortung für „unsere Umwelt"
- Wir begeistern uns an unseren Erfolgen
- Wir beginnen bei uns selbst!
- Umweltschutz – was sonst?!

Wie halten Sie es mit der Umwelt?

Das Bundesministerium für Umwelt führt alle zwei Jahre eine Befragung zum Umweltbewusstsein der Deutschen Bevölkerung durch. Die aktuellen Zahlen zeigen: Für die große Mehrheit ist der Umweltschutz eines der großen Zukunftsthemen. Im Jahre 2016 liegen Umwelt- und Klimaschutz mit 21 Prozent an dritter Stelle. Als wichtigstes Thema wird mit 55 Prozent „Zuwanderung, Migration" genannt. Auf Platz zwei folgt mit 47 Prozent „Kriminalität, Frieden, Sicherheit". Umweltschutz - nur auf Platz drei?! Da muss noch viel Überzeugungsarbeit geleistet werden.

(Quelle: BMUB Bundesministerium für Umwelt, Naturschutz, Bau und Reaktorsicherheit, Umweltbewusstsein in Deutschland 2016)

Die Umweltbewusstseinsstudie 2016 des BMUB macht trotzdem Mut. Ein „Weiter so!" ist keine Alternative. Wir müssen miteinander neue Ideen entwickeln, für ein anderes, nachhaltigeres Leben und Wirtschaften. Aus diesem Problembewusstsein für soziale und ökologische Herausforderungen im Kleinen wie im Großen, national, europäisch und global, folgt für die Bürger im Staat keine Lethargie. Vielmehr ist eine gemeinsame Suchbewegung nach geeigneten Lösungen zu beobachten, die Lebensstile hinterfragt, die aber auch optimistisch und pragmatisch auf technologische und gesellschaftliche Innovationen setzt.

Mach mit! Tu was!

Es ist die einzige Chance, die wir haben!

Übung

Ihr arbeitet in einem Unternehmen und möchtet gerne das **Umweltbewusstsein** Eurer Kollegen/innen und Vorgesetzten erfragen. Überzeugt das **Management**, eine Mitarbeiterbefragung durchzuführen nach folgendem Schema. Die Ergebnisse werden Euch alle und besonders das Management überraschen.

1: sehr gut, sehr viel, ja

5: nicht zufriedenstellend, zu wenig, nein

1. Hat sich Ihre Arbeit im letzten

    Jahr bzgl. der Umweltleistung verbessert?

1	2	3	4	5

2. Wieviel Zeit wenden Sie persönlich

    für den Umweltschutz auf?

1	2	3	4	5

Ihre Mitarbeiter (Kollegen/ - innen)

1	2	3	4	5

der Vorgesetzte

1	2	3	4	5

3. Wie ist das Umweltbewusstsein aus-

geprägt?

bei Ihnen persönlich

1	2	3	4	5

bei den Mitarbeitern (Kollegen/ - innen)

1	2	3	4	5

bei Ihren Vorgesetzten

1	2	3	4	5

4. Wenn Sie persönlich unter Zeitdruck

zwischen den Kriterien Umwelt, Service

und Kosten entscheiden müssen, wie oft

setzen Sie Umwelt an die erste Stelle?

1	2	3	4	5

5. Wie schätzen Sie den bisherigen Erfolg

der Umweltbemühungen ein?

1	2	3	4	5

6. Wie oft steht Umwelt auf der Tagesordnung

Ihrer Meetings?

| 1 | 2 | 3 | 4 | 5 |

7. Hat das Unternehmen Umwelt-

Leitlinien?

| 1 | 2 | 3 | 4 | 5 |

8. Wie stark belasten Umweltprobleme

das Betriebsergebnis?

| 1 | 2 | 3 | 4 | 5 |

9. Welchen Stellenwert hat das Mitarbeiter-

Training im Unternehmen?

| 1 | 2 | 3 | 4 | 5 |

10. Gibt es eine Unternehmensvision

zum Umweltschutz?

| 1 | 2 | 3 | 4 | 5 |

Wie schon gesagt. Das Ergebnis der Befragung wird alle überraschen – im negativen Sinne. Es muss wesentlich mehr getan werden als bisher. Umweltschutz betrifft alle. Alle Mitarbeiter leisten einen Beitrag zum Umweltschutz, mehr oder weniger. Der Geschäftsführer wie der Maschinenführer. Da aber mit steigender Hierarchie auch die Verantwortung für die Umweltleistung steigt, muss mit der Umsetzung ganz „oben" begonnen werden.

Umweltschutz beginnt im Kopf,

im Kopf einer Organisation und im Kopf der Menschen. Damit ist der Umweltschutz nicht mehr nur eine Aufgabe von Spezialisten, sondern wird zur Managementaufgabe. Und wie erreichen wir das?

- Erste Priorität hat die Schulung. Die Schulung der Führungsebene wie aller Mitarbeiter
- Inhalt der Schulungsmaßnahmen kann dieser Leitfaden sein
- Wenn durch die Schulungen das Bewusstsein zum Umweltschutz gefördert wurde, dann gilt es, Ziele zum Umweltschutz festzulegen
- Ständige Information der Beteiligten erleichtert die Kommunikation
- Ergebnisse der Aktivitäten werden regelmäßig bewertet
- Und eine Anerkennung geleisteter Umweltarbeit sollte selbstverständlich sein; Anerkennung motiviert.

Nach diesem kurzen Ausflug in die Unternehmen, in denen wir das Bewusstsein der Mitarbeiter zum Umweltschutz erfragen wollten, kehren wir zurück zu unseren Umweltthemen und fragen uns als nächstes, was sind Emissionen, was Immissionen?

Kapitel 5
Emissionen - Immissionen

Wir beschäftigen uns jetzt mit einer Bandbreite von Umweltthemen, die überall auf der Welt und in allen Ökonomien an Bedeutung zunehmen und immer dramatischere Auswirkungen auf das Leben auf unserem Planeten haben.

Könnt Ihr Euch vorstellen, welche Themen hier gemeint sind? Die Luftqualität in Städten ist weltweit ein Problem.

Smog in Beijing; die Menschen können nur noch mit Masken atmen

PKW-Fahrverbote in Stuttgart als Folge hoher Stickoxid Konzentrationen

Verkehrsstau in Sao Paulo, um nur einige Beispiele zu nennen.

Umweltprobleme durch PKW: Kohlendioxid, Stickoxide, Feinstaub,

Ihr habt bestimmt schon viel über Ozon, die Ozonschicht und UV-Strahlen gehört. Was spielt sich nun wirklich in dieser Ozonschicht ab und warum ist sie wichtig für uns?

Unser Planet Erde besteht aus einem „harten" Kern, der Erdoberfläche, auf der wir leben und aus einer Atmosphäre, die dieses Leben erst ermöglicht. Die Erdatmosphäre setzt sich zusammen aus mehreren Schichten und reicht von der Erdoberfläche bis zu einer Höhe von 10.000 km. Wichtig und interessant für die Wissenschaftler sind die beiden unteren Schichten. Die unterste Atmosphärenschicht ist die **Troposphäre**, die bis zu einer Höhe von 15 km reicht. Hier spielt sich das meteorologische Wetter ab und hier forschen die Meteorologen.

Dann folgt die **Stratosphäre** zwischen 15-50 km Höhe. In dieser Atmosphäre befindet sich im oberen Höhenbereich die **Ozonschicht**. Was ist Ozon und warum ist Ozon so wichtig für uns? Unsere Erde kreist ja um die Sonne und wird ständig von Strahlungen der Sonne bombardiert. Die Sonne strahlt u.a. sichtbares Licht wie auch unsichtbares Licht in Form von UV-Strahlen aus. Allerdings sind diese UV- Strahlen für das Leben auf der Erde schädlich. Und nun zeigt sich eines der Wunder der Evolution. Der Sauerstoff O_2, den wir zum Leben benötigen, wird teilweise durch die UV-Strahlung in Ozon O_3 umgewandelt, aber gleichzeitig zerlegt die Strahlung das Ozon wieder in Sauerstoff. Ein natürlicher Kreislauf über Jahrmillionen. Die Schicht in der Stratosphäre, die Ozon anreichert, bezeichnet man als Ozonschicht. Diese wirkt wie ein Schild. Die UV Filterfunktion des Ozons ist von großer Bedeutung, denn würde die energiereiche UV-Strahlung (UV-A und UV-B) die Erdoberfläche erreichen, wäre das für das Leben dort eine große Bedrohung.

Auch die Ozonschicht unterliegt natürlichen Schwankungen; speziell an den Polen ist sie teilweise so dünn, dass wir von einem Ozonloch sprechen. Trotzdem hat die Natur bisher für einen guten Ausgleich zwischen Ab- und Zunahme des Ozons gesorgt.

Jetzt aber greift der Mensch ein und schon wird es problematisch. Jahrzehntelang haben die Verbraucher Spraydosen verwendet, die mit dem Treibgas FCKW (Fluorchlorkohlenwasserstoffe) angetrieben wurden. Dieses Treibgas hat die Eigenschaft, bis in die Stratosphäre aufzusteigen. Durch die UV-Strahlung werden im FCKW Radikale freigesetzt, die mit dem Ozon reagieren und das Ozon abbauen. Die Ozonschicht wird dünner, Ozonlöcher z.B. an den Polen entstehen und die verstärkte UV-Strahlung schädigt das Leben auf der Erde.

Jetzt möchte ich darüber berichten, welche Beziehung ich zu dem Thema FCKW hatte:

Es war in den 1970er Jahren. Ich hatte meinen ersten Job bei der Hoechst AG (siehe auch Seite 7 u. 8) angenommen und arbeitete in der Abteilung ATA-AN (Anwendungstechnik Anorganika). Hoechst war einer der weltgrößten Hersteller des Treibgases FCKW (Fluorchlorkohlenwasserstoff) und in der Abteilung ATA-AN wurde nach Anwendungsgebieten von FCKW geforscht wie die Verwendung als Kältemittel, Treibgas und Schaummittel für Dichtungsmassen wie Styropor. Schon zu damaliger Zeit ergaben Forschungen und Tierversuche den Hinweis, dass freigesetztes FCKW die Ozonschicht schädigt. Es hat bis in die Mitte der 1980er Jahre gebraucht, ein weltweites Verbot von FCKW als Treibgas für Spraydosen auszusprechen. Der heutige Stand der Wissenschaft besagt, dass die Ozonschicht sich inzwischen gut regeneriert hat, dass es aber nach wie vor durch natürliche Einflüsse wie Vulkanausbrüche und auch durch „künstliche" Einflüsse wie die Freisetzung anderer Gase als FCKW immer wieder zu starken Schwankungen kommt. Deshalb empfehlen Ärzte und Umweltschutzorganisation nach wie vor, sich vor starker Sonnenexposition zu schützen. Denn das „Ozonloch" hat Auswirkungen auf die menschliche Gesundheit wie Anstieg der **Hautkrebserkrankungen (Melanomen**) und **Augenerkrankungen** (grauer Star) sowie Auswirkungen auf Pflanzen hinsichtlich ihrer Fähigkeit zur **Photosynthese**.

Welche Erkenntnis gewinnen wir aus dem Thema Ozonschicht und welchen Beitrag zum Umweltschutz können wir leisten?

Wichtig für uns ist, dass wir verstehen, welchen Zweck die Ozonschicht hat, was Ozon ist und was wir tun müssen, um diese Schicht in der Atmosphäre zu schützen. Als Verbraucher sollten wir folgende Empfehlungen annehmen:

Spraydosen enthalten heute statt FCKW vielfach die extrem entzündbaren Treibgase Propan-Butan! Meidet mit Gas angetriebene Sprühdosen und verwendet stattdessen Sprühdosen mit Pumpenmechanismus (Pumpenspray).

FCKW als Kühlmittel in **Kühlschränken** unterliegt ebenso dem Verbot. Durch die lange Lebensdauer der Kühlschränke kann es sein, dass zur Entsorgung anstehende Geräte noch FCKW enthalten. Deshalb müssen Kühlschränke fachlich entsorgt werden!

Schützt Euch beim Sonnenbaden ausreichend vor den schädlichen UV-Strahlen durch gute **Sonnencremes**.

Mach mit! Tu was!

Es ist die einzige Chance, die wir haben!

Kapitel 5.2 Emissionen-Immissionen

Nach dem „Ozon"- Beispiel wollen wir nun ins Detail gehen und uns zuerst nach der Bedeutung zweier Begriffe fragen: Was sind

Emissionen und was sind **Immissionen?**

Habt Ihr eine Idee dazu und habt Ihr vielleicht sogar Beispiele?

Was bedeutet der Begriff Emission und welche Beispiele könnt Ihr nennen?!

____

____

____

____

____

____

____

Was bedeutet der Begriff Immission und welche Beispiele könnt Ihr nennen?!

____

____

____

____

____

____

____

____

Emission: in diesem Wort steckt das lateinische „ex“, was nichts anderes bedeutet als "aus – heraus“.

Emissionen sind die von einer Anlage ausgehenden

- Luftverunreinigungen
- Geräusche
- Erschütterungen
- Licht
- Wärme
- Strahlen und
- Ähnliche Erscheinungen

Und was sind Anlagen? Anlagen sind z.B.

- Betriebsstätten
- Maschinen
- Geräte
- Technische Einrichtungen
- Fahrzeuge

Emission:
Luftverunreinigung

Anlage: Fahrzeug

Immissionen: in diesem Wort steckt das lateinische „in", was nichts anderes bedeutet als „an, auf".

Immissionen sind auf

- Menschen
- Tiere
- Pflanzen
- Den Boden
- Das Wasser
- Die Atmosphäre sowie
- Kultur- und sonstige Sachgüter einwirkende...

- Luftverunreinigungen
- Geräusche
- Erschütterungen
- Licht
- Wärme
- Strahlen und
- Ähnliche Umwelteinwirkungen

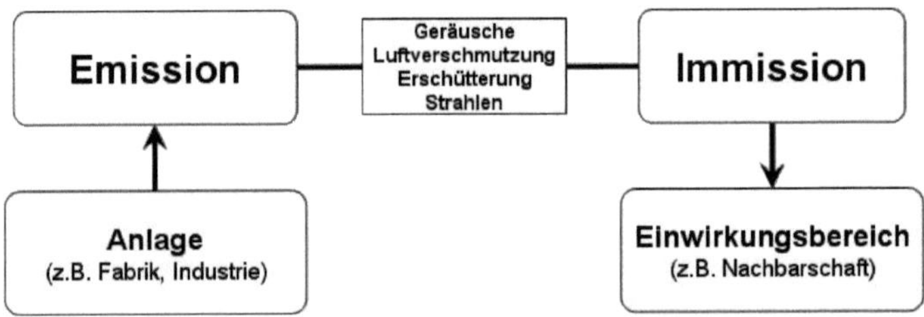

Maßgebend für die Thematik ist das „Gesetz zum Schutz vor schädlichen Umwelteinwirkungen durch Luftverunreinigungen, Geräusche, Erschütterungen und ähnliche Vorgänge. Kurz

Bundes-Immissionsschutzgesetz – BImSchG

Ihr müsst den Gesetzestext nicht auswendig lernen, Ihr solltet aber wissen, dass wir (Mensch, Tier, Pflanzen usw.) per Gesetzeskraft vor Immissionen geschützt werden sollen. Das ist Sinn und Zweck des Gesetzes.

Und jetzt ein persönliches Beispiel zur Thematik **Emission – Immission**, das mir sehr deutlich den Unterschied der Begriffe vor Augen geführt hat:

Nach meiner Promotion habe ich meinen ersten Job bei der Hoechst AG in Frankfurt/Höchst angenommen. Hoechst war damals eines der größten Chemiewerke weltweit mit hohem Renommee und Anerkennung in der Bevölkerung. Wir wohnten damals in München und der neue Job war natürlich mit einem Umzug nach Bad Soden, nicht weit von Höchst entfernt, verbunden. Morgens fuhr ich wie hunderte Hoechstianer mit dem Zug von Bad Soden nach Höchst mit anschließendem Fußweg zu meiner Arbeitsstätte. Eines Morgens, es war draußen kalt und regnerisch, wie so oft in dieser Gegend, bemerkte ich beim Gang zum Werksgelände ein sonderbares Prickeln auf meinem Gesicht. Ich konnte mir keinen Reim darauf machen und habe dies dann als mein besonderes außergewöhnliches Erlebnis meinem Chef geschildert. Und sein Antwort: Ja, das kommt immer wieder vor, das ist nichts Besonderes, da fallen Salzsäuretröpfchen vom Himmel, das ist weiter nicht schlimm!

Und woher kommen die Salzsäuretröpfchen? Bei irgendwelchen Produktionsprozessen fällt Chlorgas an, das nicht weiter benötigt wird und daher über einen hohen Schornstein abgelassen wird. Das Chlorgas als **Emission** aus einer Produktionsanlage verbindet sich mit dem Wasser der Luft zu HCL (Salzsäure) und fällt als **Immission** auf Mensch, Tier, die Pflanzen, den Boden usw.; in meinem persönlichen Fall auf mein Gesicht, meinen Mantel, meine Schuhe, meine Aktentasche. Ich habe damals den Vorfall nicht mit dem BImSchG in Verbindung gebracht, allerdings mit einer Umweltproblematik eines Chemiewerkes, wie wir sie von München her überhaupt nicht kannten.

Wir kommen nun zum Umweltthema „Luftverunreinigungen“:

Kapitel 5.3   Luftverunreinigungen

Definition: Luftverunreinigungen sind nach dem BImSchG Veränderungen der natürlichen Zusammensetzung der Luft, insbesondere durch Rauch, Ruß, Staub, Gase, Aerosole, Dämpfe und Geruchstoffe.

Habt Ihr Vorstellungen, wo und wie solche Verunreinigungen entstehen? Und wo und wie sind wir davon betroffen?

Wenn die Luft verschmutzt ist, hat das Auswirkungen auf das ganze Ökosystem: Tiere, Wasser, Pflanzen, die Erde, die Atmosphäre und natürlich der Mensch werden in Mitleidenschaft gezogen. Die Atemluft macht krank. Man kann es der Luft nicht ansehen, dass sie krank ist; man kann aber die Belastung oft riechen oder auch „sehen" und zwar als Smog. Ursachen für die Verunreinigungen sind

- Kohlenstoffdioxid, das bei Verbrennungsmotoren und bei der Energieerzeugung entsteht
- Methan, das Kühe produzieren
- Schwefeldioxid, das bei Verbrennungen (Motor) und aus Industrieanlagen entsteht
- Treibgase aus Aerosolen
- Ozon, das entsteht, wenn Sauerstoff und Stickoxide miteinander reagieren
- Ruß und Feinstaub durch Verbrennung von fossilen Brennstoffen
- Stickoxide durch Verbrennen fossiler Brennstoffe

Und was sind die Folgen?

- Kohlenstoffdioxid und andere Gase führen zum Treibhauseffekt (Gletscher schmelzen)
- Treibgase zerstören die Ozonschicht, sodass die schädlichen UV Strahlen der Sonne nicht mehr zurückgehalten werden.
- Schwefeldioxid und Stickoxide wirken auf die Atemwege und die Lunge
- Kohlenmonoxid beeinflusst die Sauerstoffversorgung unseres Blutes
- Feinstaub wirkt hauptsächlich auf den Atemtrakt
- Die in Niederschlägen gelösten Luftschadstoffe (insbesondere Schwefel- und Stickoxide) verursachen den „Sauren Regen" (Waldsterben).

Und was tun wir in Deutschland, um uns vor den schädlichen Immissionen zu schützen?

Die Süddeutsche Zeitung schreibt in ihrer Ausgabe vom 16. Januar 2018 im Wissensteil unter der Überschrift „ Vom Musterschüler zum schlechten Vorbild", dass Deutschland beim Klimaschutz hinter den eigenen Zielen zurückbleibt. *„Das Berliner Hin-und-Her (der Parteien) beleuchtet, wie weit Deutschland von seinen Umweltzielen entfernt ist. Selbst wenn die neue Regierung noch in diesem Jahr das Steuer in der Energie- und Klimapolitik herumreißt, selbst wenn sie, wie angekündigt, die Quoten für erneuerbare Energiequellen anhebt, Sonderkontingente für Windräder und Solarparks ausschreibt, einen Fahrplan für den Kohleausstieg* *verabschiedet und sofort umsetzt – dann bleibt doch auf Jahre bis Jahrzehnte hinaus eine „Handlungslücke" bestehen.*

Es gibt ein schönes Beispiel dafür, wie zerbrechlich die die Erde umgebende Atmosphäre ist. Besonders die Ausflüge in den Weltraum führen uns dies vor Augen. **Ulrich Walter**, der deutsche Astronaut, der 1993 an Bord des Orbiters Columbia die Erde umkreiste und seit 2003 den Lehrstuhl für Raumfahrttechnik an der Technischen Universität München in Garching leitet, beschreibt in seinem Buch "Höllenritt durch Raum und Zeit" den unbeschreiblich schönen Blick auf die Erde wie folgt;

„Aus der Entfernung von 300 km ist die Erde zwar noch nicht als ganze Kugel zu sehen, aber die Erdkrümmung läuft bei richtiger Anordnung der Fenster gerade am oberen Gesichtsfeld entlang. Jetzt sieht man auch erstmals, was es bedeutet, dass der Durchmesser der Erde zwar 12.759 km beträgt, die Atmosphäre aber nur etwa 20 km dünn ist. Bei diesem ins Auge springenden Größenvergleich erscheint unsere irdische Schutzhülle wie eine hauchdünne Reifschicht, so zerbrechlich, dass man glauben könnte, der geringste Windhauch genüge, sie einfach wegzufegen und jede Berührung, jede kleinste Beeinflussung hinterließe schwere Kratzer. Und in dieser gebrechlichen, zarten Schicht spielt sich all das ab, was wir Leben nennen. Das Leben, ein Balanceakt zwischen der mächtigen, undurchdringbaren Masse Erde und – ein Blick zur Seite – dem lebensfeindlichen Nichts im All! Der Mensch bewohnt nicht einmal die ganze Erde. Die Menschheit ist lediglich ein unscheinbarer Bazillus auf einer die Erde umspannenden Seifenblase im unendlichen Meer des Universums".

Unser Schornsteinfeger

Wann habt Ihr zuletzt einen Schornsteinfeger gesehen? Vielleicht in seiner Rolle als Glücksbringer an Silvester? Was sind denn die Aufgaben eines Schornsteinfegers? Alle zwei Jahre kommt der Schornsteinkehrermeister zu uns ins Haus, um folgende Arbeiten durchzuführen

- **Kehrarbeiten** des Schornsteins und Überprüfung der Feuerstätte gemäß der „Kehr- und Überprüfungs-ordnung" (KÜO); diese Verordnung beruht auf dem „Schornsteinfeger-Handwerksgesetz" (SchHwG)
- **Abgasuntersuchung** der Feuerstätte nach der BImSchV über kleine und mittlere Feuerungsanlagen; diese Verordnung beruht auf dem Bundesimmissionsgesetz. Gemessen wird der Sauerstoffgehalt O_2 im Abgas, unverdünnter Kohlenmonoxid-CO-Gehalt, Lufttemperatur und Druckdifferenz.

Erinnert Ihr Euch, wir haben dieses Gesetz schon besprochen. Der Kaminkehrer ist also der Vollzieher von Gesetzesauflagen für die Feuerungsstätte in unserem Haus. Wir haben zwei Feuerungsanlagen: eine Gas- Kombiwasserheizung (das ist die „normale" Heizungsanlage) und eine Handbeschickte, den Kachelofen. Interessant ist, dass auch der Feuchtegehalt des Holzes für den Kachelofen gemessen wird; er darf 25% Feuchte nicht überschreiten! Die Messergebnisse werden uns mittels einer Bescheinigung mitgeteilt (Beispiel nächste Seite).Das Beispiel zeigt uns, dass es im Interesse eines jeden Haushalts liegen sollte, welche Abgase die eigene Feuerungsanlage „produziert" und dass diese auch in den vorgeschriebenen Grenzwerten liegen. Eine regelmäßige Wartung hilft uns dabei. Kümmert Euch um das Thema. Fragt nach Ergebnissen in Euer Wohnumgebung!

Mach mit! Tu was!

Es ist die einzige Chance, die wir haben!

Herrn
Dr. Dieter Groll

85748 Garching

Gebäudeteil: Heizraum, Keller

Bescheinigung

über das Ergebnis der Überprüfung und Messung an einer Feuerungsanlage für gasförmige Brennstoffe gemäß der Verordnung über die Kehrung und Überprüfung von Anlagen (Kehr- und Überprüfungsordnung - KÜO) vom 16. Juni 2009 (BGBl. I. S. 1292), nach Rechtsverordnungen nach § 1 Absatz 1 Satz 3 SchfHwG oder der Ersten Verordnung zur Durchführung des Bundes-Immissionsschutzgesetzes (Verordnung über kleine und mittlere Feuerungsanlagen - 1. BImSchV vom 26. Januar 2010, BGBl. I S. 38)

Wärmeaustauscher: Hersteller, Typ, Herstell-Nr., Errichtung	Leistungsbereich/ Leistung bei der Messung	Nennleistung
Buderus, GB 142-24, 07153510-01-6222-5169, 2006	21,4 - 21,4 kW	21,4 kW

Brenner: Hersteller, Typ, Herstell-Nr., Errichtung	Brennerart	Leistungsbereich/Leistung bei der Messung	Brennstoff
	mit Gebläse		Erdgas

Feuerstättenart	Art der Anlage
Kombiwasserheizer	Heizung mit Brauchwasser

Überprüfungsergebnis gemäß KÜO (✔ = in Ordnung, X = mangelhaft, - = nicht zutreffend):

Verbrennungsluft/Lüftung	✔	Abgasabzug:		Abgasleitung	✔
Feuerstätte:		- an der Strömungssicherung	-	O_2-Gehalt im Abgas	4,7 %
- Befestigung/Abstände	✔	- in Brennerhöhe	✔	unverdünnter CO-Gehalt	40 ppm
- äußerer Zustand	✔	- an anderer Stelle	✔	O_2-Differenz im Ringspalt	0 %
Brenner/Heizgasweg	✔	Abgasklappe	✔	Lufttemperatur im Ringspalt	30 °C
Flammenbild	✔	Verbindungsstück	✔	Druckdifferenz im Ringspalt	-18 Pa

☐ Folgende Mängel wurden festgestellt: ☒ Es wurden keine Mängel festgestellt.

☐ Die Mängel stellen zzt. noch keine unmittelbare Gefahr dar, eine Überprüfung durch einen Fachbetrieb wird empfohlen.

☐ Die Mängel sind aus Sicherheitsgründen bis zum   zu beseitigen.

☐ Aufgrund der festgestellten Mängel ist eine zusätzliche Überprüfung der Feuerungsanlage erforderlich.

Messergebnis gemäß 1. BImSchV:

						Grenzwert für Abgasverlust	%
Wärmeträgertemperatur		°C	Verbrennungslufttemperatur		°C	Abgastemperatur	°C
Sauerstoffgehalt im Abgas		%	Druckdifferenz		Pa	**Abgasverlust**	%
						Messunsicherheit	%

☐ Das Messergebnis entspricht der Verordnung.

☐ Das Messergebnis entspricht **nicht** der Verordnung, weil   ☐ Abgasverluste über — %
Der Betreiber ist verpflichtet, die notwendigen Verbesserungsmaßnahmen an der Anlage zu treffen.
Die Messung ist bis zum   zu wiederholen.

Bemerkungen:

Messgeräte-Identifikationsnummer(n)	WMAV00007205BY30716

22.11.2016
Datum   Unterschrift des Schornsteinfegers

Falls Mängel festgestellt worden sind, die innerhalb einer Frist zu beseitigen sind, oder das Messergebnis nicht der Verordnung entspricht, geben Sie mir bitte Nachricht, sobald die Mängel beseitigt sind bzw. die Wiederholungsmessung erfolgen kann.

*Sämtliche Rechtsvorschriften dieser Bescheinigung beziehen sich auf die jeweils geltende Fassung

Luftverunreinigungen, also klimaschädliche Emissionen, haben Auswirkungen auf die Erderwärmung, auf extreme Wetterphänomene, auf das Schmelzen der Gletscher, auf Erdrutsche, Überschwemmungen und andere wetterbedingte Katastrophen. Was verstehen wir unter dem Begriff „Treibhauseffekt" und warum spielt er in den Diskussionen zum Umweltschutz eine so große Rolle?

Führen wir uns noch einmal in Kürze den Aufbau der Atmosphäre unseres Planeten vor Augen: Unser Planet Erde besteht aus einem „harten" Kern, der Erdoberfläche, auf der wir leben und aus einer Atmosphäre, die dieses Leben erst ermöglicht. Die Erdatmosphäre setzt sich zusammen aus verschiedenen Gasen wie Wasserdampf, Ozon, Kohlendioxid, Methan – das sind also die <u>natürlichen Treibhausgase unserer Atmosphäre</u>. Die Atmosphäre reicht von der Erdoberfläche bis zu einer Höhe von 10.000 km. Wichtig und interessant für die Wissenschaftler sind die beiden unteren Schichten. Die unterste Atmosphärenschicht ist die **Troposphäre**, die bis zu einer Höhe von 15 km reicht. Hier spielt sich das meteorologische Wetter ab und hier forschen die Meteorologen. Dann folgt die **Stratosphäre** zwischen 15-50 km Höhe. In dieser Atmosphäre befindet sich im oberen Höhenbereich auch die **Ozonschicht**. Die Gase in der Atmosphäre werden übrigens durch die Erdanziehungskraft in ihrer Höhe „gehalten".

Treffen jetzt Strahlen der Sonne auf die Atmosphäre, dann werden z. B. die kurzwelligen gefährlichen UV Strahlen durch Ozon absorbiert, die langwelligen Strahlen, das sichtbare Licht, Gott sei Dank bis zur Erdoberfläche durchgelassen. Dort wird das Licht umgewandelt in Wärme und von Mensch, Tier, Pflanze, Wasser absorbiert. Ein Teil der Wärmeenergie wird aber wieder abgestrahlt und dabei von den Treibhausgasen aufgenommen. Dadurch entsteht eine gleichbleibende Wärme auf unserem Planeten, die wir als Treibhauseffekt bezeichnen. Der <u>natürliche Treibhauseffekt</u> macht unser Leben erst möglich.

Ein <u>Treibhaus oder Gewächshaus</u> im Garten funktioniert nach diesem Prinzip, wobei das Glas die Rolle der Treibhausgase übernimmt. Unter konstanten Temperaturbedingungen ist ein ganzjähriges Wachstum von Obst und Gemüse möglich.

Ihr könnt Euch jetzt bestimmt vorstellen, was passiert, wenn in dieses natürliche Treibhaus der Mensch eingreift.

Der Anstieg der Konzentration verschiedener Treibhausgase, insbesondere von Kohlendioxid verstärkt den Treibhauseffekt und führt zur globalen Erwärmung. Mehr dazu im nächsten Kapitel.

Betrachten wir wiederum das Leben auf unserer Erde. Pflanzen, Tiere und die Menschen leben auf der Erdoberfläche. Die Atmosphäre ist gefüllt mit natürlichen Treibhausgasen. Damit es überhaupt Leben gibt, passiert folgendes: Das natürliche Treibhausgas Kohlendioxid reagiert mit dem vorhandenen Wasser, das in den Zellen der Pflanzen eingelagert ist, und bildet durch die **Fotosynthese** Kohlenwasserstoff (Glucose) und Sauerstoff. (Das haben wir mal im Biologieunterricht gelernt!) Die Energie für die Bildung von Glucose kommt aus dem Sonnenlicht, das vom Chlorophyll der Pflanzen absorbiert wird. Der Sauerstoff ist praktisch ein Abfallprodukt. Durch die Umwandlung von Kohlendioxid in Glucose und Sauerstoff wird der Gehalt an Kohlendioxid in der Atmosphäre gering gehalten, während sich der Sauerstoff – als Abfallprodukt – in der Atmosphäre anreichert. Von der Fotosynthese hängt das komplette pflanzliche, tierische und menschliche Leben auf der Erde ab.

Und wie geht jetzt die Entwicklung des Lebens weiter? Da die biochemischen Prozesse des Lebens wahnsinnig kompliziert sind, merken wir uns ganz einfach:

Der Kohlenwasserstoff Glucose (Traubenzucker) ist der Grundbaustein, aus dem weitere Kohlenwasserstoffe wie Fructose (Fruchtzucker) und

Saccharose (Haushaltszucker) entstehen. Zucker wiederum ist der Baustein für Cellulose, diese bildet Stärke und wird zum Bestandteil von Obst, Gemüse oder Brot, also von Lebensmitteln.

Durch die Fotosynthese entstehen über Jahrmillionen Wälder; aus dem Wald bekommt der Mensch Holz, daraus kann er Papier und Cellulose gewinnen. Wälder sterben ab, es entsteht Torf, Braunkohle, Kohle, Erdöl, Gas. Peter Wohlleben schreibt in seinem lesenswerten Buch „Das geheime Leben der Bäume" im Kapitel CO_2-Staubsauger zu diesem Thema:

In einem noch weit verbreiteten, recht einfachen Bild von den Kreisläufen der Natur sind Bäume ein Sinnbild für ausgeglichene Bilanzen. Sie betreiben Fotosynthese und erzeugen dabei Kohlenwasserstoffe, nutzen diese für ihr Wachstum und speichern im Laufe ihres Lebens dadurch bis zu 20 Tonnen CO_2 in Stamm, Ästen und Wurzelwerk. Sterben sie eines Tages ab, wird exakt die gleiche Menge an Treibhausgasen wieder freigesetzt, indem Pilze und Bakterien das Holz verdauen und verarbeitet wieder ausatmen. (....) Der Wald ist in Wahrheit ein gigantischer CO_2 Staubsauger, der diesen Luftbestandteil fortwährend ausfiltert und einlagert. Da bei der Fotosynthese Sauerstoff O_2 freigesetzt wird, schreibt Wohlleben dazu: *Jeder Waldspaziergang wird so zu einer echten Sauerstoffdusche.*

Und jetzt beginnt das Drama! Wenn sich die Konzentrationen an Treibhausgasen durch menschliche Aktivitäten erhöhen, erhöht sich auch die Temperatur auf der Erde – dann sprechen wir von einem durch den Menschen verursachten

Klimawandel.

Die Industrialisierung bringt es mit sich, dass immer mehr Energie benötigt wird, dass die Menschen immer mobiler werden wollen und über die Grenzen hinaus Waren gehandelt werden. Um diesen Anforderungen gerecht zu werden, greift der Mensch auf die natürlichen Ressourcen Kohle, Öl und Gas zurück. Er verbrennt über Jahrmillionen gewachsene Ressourcen, treibt mit der gewonnenen Energie Maschinen, Geräte, Fahrzeuge an, kühlt oder wärmt seine wohnliche Umgebung und macht sich zunächst keine Gedanken, was bei der Verbrennung der Energieträger passiert, bis er irgendwann merkt, dass die Luft schlechter wird, der Lärmpegel steigt, die Straßen verstopft sind und Krankheitsbilder sich abzeichnen, die es früher nicht gab. Meteorologen warnen vor Naturkatastrophen und Naturschutzverbände greifen zu drastischen Maßnahmen, um der Bevölkerung bewusst zu machen, dass wir in einer tiefgreifenden Klimakatastrophe stecken.

Was ist passiert?

Durch das hemmungslose Verbrennen fossiler Stoffe erhöht sich die Konzentration von Treibhausgasen und der natürliche Treibhauseffekt gerät aus dem Gleichgewicht. Erinnert Ihr Euch noch, welche natürlichen Treibhausgase in der Erdatmosphäre vorkommen?

Kohlenstoffdioxid: auch Kohlendioxid bezeichnet, entsteht durch Verbrennen fossiler Energieträger. Die Emissionen aus dieser menschlichen Aktivität haben die Konzentrationen in der Erdatmosphäre seit Beginn der Industrialisierung stark ansteigen lassen.

Bitte verwechselt das Kohlenstoffdioxid nicht mit dem Kohlenstoffmonoxid. **Kohlenmonoxid** ist ein giftiges, geruch- und geschmackloses Gas, das bei Verbrennungen von Kohlenstoff ohne ausreichende Sauerstoffzufuhr entsteht. Furchtbare Tragödien spielen sich immer wieder ab, wenn beim Grillen oder bei Kaminfeuern nicht auf ausreichenden Abzug des toxischen Gases geachtet wird. Ganze Familien wurden dadurch schon ausgelöscht.

Methan: Dieses Gas kommt „natürlich" nur in Spuren in der Atmosphäre vor. Es wird aber in großen Mengen in der Landwirtschaft und speziell bei der Tierproduktion erzeugt. Durch Massentierhaltung hat sich Methan in der Atmosphäre so angehäuft wie nie zuvor.

Stickoxide: Diese Gase werden freigesetzt aus Düngemitteln, bei der Massentierhaltung und führen uns zur Problematik des Ausstoßes bei Dieselmotoren (s.S.111).

FCKW und ähnliche chlorierte Fluorkohlenwasserstoffe zerstören u. a. die Ozonschicht in der Atmosphäre.

Wasserdampf ist das wichtigste Treibhausgas. Der Mensch erhöht indirekt den Wasserstoffgehalt in der Atmosphäre, weil durch die globale Erwärmung die Lufttemperatur und damit die Verdunstungsrate steigt; Wasserdampf trägt zum Treibhauseffekt bei.

Ruß/Feinstaub: Ruß entsteht vor allem bei der Verbrennung von Biomasse und beschleunigt beispielsweise das Abschmelzen von Gletschern.

Der Klimawandel ist also Realität, das ist wissenschaftlich nachgewiesen. Die globale Durchschnittstemperatur hat sich bereits um etwa 1°C im Vergleich zum vorindustriellen Niveau erhöht, was vor allem auf die Verbrennung fossiler Energieträger zurückzuführen ist. Der Klimawandel ist auch in Deutschland bereits spürbar: Seit den 1970er Jahren gibt es in Deutschland einen Trend zur Zunahme „heißer" Tage mit einem Tageshöchstwert von 30°C oder höher. Hitzewellen und Extremwetterereignisse wie Starkregen sind die prominentesten Klimawandelauswirkungen in Deutschland. Die globale Erwärmung wird weiter steigen. Ohne Klimaschutzmaßnahmen könnte die Erderwärmung bis 2100 auf 4°C oder mehr ansteigen lassen. International hat sich die Klimapolitik Ziele gesetzt. Auf einer Konferenz im Jahre 1997 im japanischen Kyoto haben die Vertragsländer das **Kyoto-Protokoll** unterzeichnet, das 2005 in Kraft trat und in dessen Rahmen sich ein Teil der Industriestaaten (USA und China haben sich ausgeschlossen!), darunter alle EU-Mitgliedsstaaten, zu verbindlichen Emissionsreduktionszielen bis 2012 und in einer zweiten Phase bis 2020 verpflichtet. Das Kyoto-Protokoll war damit der erste in Kraft getretene rechtlich bindende Klimavertrag mit quantifizierten Reduktionsverpflichtungen.

Als Ergebnis der Klimakonferenz im Dezember 2015 in Paris unterzeichnen die Mitgliedsstaaten das **„Pariser Abkommen"** mit folgenden wesentlichen Zielen:

- 2°C-Obergrenze: Mit dem Abkommen bekennt sich die Weltgemeinschaft erstmal völkerrechtlich verbindlich zu dem Ziel, die Erderwärmung auf deutlich unter 2°C gegenüber dem vorindustriellen Niveau zu begrenzen
- Transformative Klimafinanzierung: Finanzflüsse sollen an dem Ziel einer treibhausgasarmen und klimaresilienten Entwicklung ausgerichtet sein (resilient: sich ändernden Bedingungen anpassen)

- Treibhausgasneutralität: um die 2°C-Obergrenze einhalten zu können, wird das Ziel festgelegt, dass die Welt zwischen 2050 und 2100 treibhausgasneutral werden muss. Dies bedeutet den Abschied von fossilen Brennstoffen
- Regelmäßige Überprüfung der Klimaschutzziele
- Regelmäßige Berichterstattung
- Unterstützung der Entwicklungsländer beim Klimaschutz.

Zur Verwirklichung der Dekarbonisierung legt die **Deutsche Klimapolitik** ihren Schwerpunkt auf die Energiewende. (Quelle: BMUB Broschüre „Klimaschutz in Zahlen").

Beim Thema „Virtuelles Wasser" haben wir von einem „Wasser-Fußabdruck" gesprochen. Bei dem Treibhausgas Kohlendioxid sprechen wir von einem „CO_2 Fußabdruck" (Carbon footprint). Was heißt das?

Bei der CO_2 Bilanz wird die Menge an Kohlendioxid, der direkt oder indirekt bei der Herstellung von Gütern oder Dienstleistungen entstehen kann, gemessen und damit ein Gesamtbetrag von schädlichen CO_2 Emissionen über die Wertschöpfungskette angezeigt. Für die Berechnung von Kohlendioxid gibt es sehr unterschiedliche CO_2 Rechner (s. Internet), auch eine DIN ISO Norm 14067 wurde entworfen aber wieder zurückgezogen. Damit wir uns vorstellen können, wie so eine Reaktionsgleichung abläuft, hier für unser Verständnis ein einfaches Beispiel:

Wir beheizen unser Haus mit Erdgas. Erdgas besteht hauptsächlich aus Methan. Methan hat die chemische Formel CH_4. Zum Verbrennen brauchen wir Sauerstoff O_2 u.z. 2 Moleküle; also

$$CH_4 + 2O_2 \text{ reagiert zu } CO_2 \text{ Kohlendioxid} + 2\,H_2O$$
Wasser.

Jetzt wollen wir den Ausstoß von Kohlendioxid aber in Gramm pro Liter angeben. Dazu brauchen wir das spezifische Gewicht von Methan und die Berechnung ergibt dann CO_2 in g pro Liter. Also, die Berechnung für den Gesamtausstoß der umweltschädlichen Emission Kohlendioxid in der gesamten Wertschöpfungskette ist nicht einfach, aber wir haben wohl jetzt verstanden, was eine CO_2 Bilanz bedeutet.

Einige Beispiele

Stellt Euch bitte vor, Ihr macht einen Klassenausflug und fahrt alle zusammen mit dem Bus - Schüler, Lehrer, Betreuer und Busfahrer -, insgesamt 30 Personen, von München in die Alpen zur Besichtigung von Schloss Neuschwanstein. Ihr könntet ja die Meinung vertreten, da wir mit dem Bus fahren, verhalten wir 30 Personen uns alle klimaneutral. So einfach ist die Sache allerdings nicht. Denn die Umwelt schützen kann nur der Mensch. Deshalb wird an diesem Beispiel der Gesamtausstoß von CO_2, bezogen auf den Bus, auf die Anzahl der 30 Personen umgelegt und damit auch zum Ausdruck gebracht, dass jeder Mitreisende seinen **CO_2 Fußabdruck** hinterlässt. Um die CO_2 Bilanz zu verbessern, kann jetzt für die nächste Fahrt das Ziel gesetzt werden, mehr Passagiere im Bus – vielleicht zwei Klassen zusammen statt einer Klasse – zu transportieren, sodass der CO_2 Gehalt pro Person „reduziert" wird. Das mag wie eine Milchmädchenrechnung aussehen, aber solche Berechnungen sind heute normal.

Ein **Flugzeu**g benötigt im Durchschnitt 3 Liter Kerosin pro 100 km. Umgerechnet auf die Anzahl der Passagiere haben Berechnungen ergeben, dass beim Flug 380 g CO_2 pro geflogenem Kilometer pro Person ausgestoßen werden. Passagiere der Business Class verursachen mehr CO_2 Emissionen, da sie mehr Platz beanspruchen und somit weniger Passagiere pro Flugzeug mitfliegen können.

Und jetzt gibt es sogar die Möglichkeit, mit Emissionen zu handeln!

Emissionshandel

Was besagt das? Das Kyoto-Protokoll ermöglicht ausdrücklich den Handel mit Emissionen. Die Idee dabei ist, wer Dreck herausschleudert, soll zahlen. Die EU benennt die „Dreckschleudern" wie Kohlekraftwerke, Schwerindustrie, Chemie, Energie und legt die erlaubten Emissionsmengen fest. Pro Tonne Kohlendioxid müssen die Firmen Zertifikate kaufen. Wer mehr als erlaubt in die Luft bläst, muss Strafe zahlen oder er kauft sich frei, in dem er Zertifikate von anderen Firmen kauft, die weniger ausstoßen und deshalb weniger Zertifikate brauchen. Durch den Kauf von Zertifikaten sollen die Firmen gezwungen werden, mehr für den Umweltschutz zu tun. Durch die Reduzierung von Emissionen in den Firmen sind inzwischen zu viele Zertifikate in Umlauf und es herrscht ein rapider Preisverfall.

2005 kostete ein CO_2 Zertifikat 29,00 Euro, 2015 nur noch 6,10 Euro.

Das gutgemeinte Druckmittel Emissionszertifikat funktioniert nicht mehr. Deshalb legten die Unterzeichner des Kyoto-Protokolls fest, mit einer Reform 2021 zu beginnen (Daten aus dem BMUB ‚Umweltschutz)

Kompensationsprojekte

Reiseanbieter, die aktiv Umweltschutz betreiben, haben sich zum Beispiel das Ziel gesetzt, den Fußabdruck der Reisenden (Transport im Flugzeug oder Bus) durch Förderung von Biogasprojekten in den Reiseländern (Indien, Äthiopien u.a.) zu kompensieren. Damit wird die eigene CO_2 Bilanz zwar nicht verringert, jedoch in einem anderen Ort der Welt Treibhausgase reduziert.

Indien – Rajasthan 2008

Welche **Erkenntnis** ziehen wir aus dem Thema Luftverunreinigungen?

Luftverunreinigungen sind schuld am Klimawandel und am Treibhauseffekt und den daraus folgenden Katastrophen auf unserer Erde. Luftverunreinigung sind aber menschbedingt und können deshalb nur durch uns Menschen gelöst werden. Wir wissen jetzt, was Emissionen und was Immissionen sind und kennen die Ursachen für einen immer größeren Ausstoß von Kohlendioxid. Natürlich ist bei der Lösung des Problems die Gemeinschaft der Staaten gefragt. Politiker, Verbände, Manager der Industrie und Dienstleister müssen Ziele zum Umweltschutz setzten und diese auch umsetzen. Und Gesetze sollen uns alle zwingen, aktiv zu handeln. Und was könnt Ihr als normaler Bürger dazu beisteuern? Verinnerlicht den Inhalt dieses Kapitels, diskutiert die Themen im Freundes- und Bekanntenkreis und vor allem, bestimmt mal mittels eines CO_2 Rechners Eure eigene CO_2 Bilanz, dann werdet Ihr erkennen, wo Eure Schwächen sind und wo Ihr aktiv werden müsst.

Mach mit! Tu was!

Es ist die einzige Chance, die wir haben!

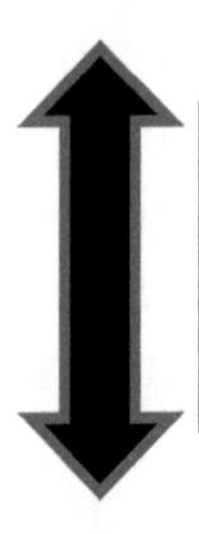

CO2 Rechner findet Ihr unter

Klimaaktivist.de

Umweltbundesamt CO2rechner.de o.a.

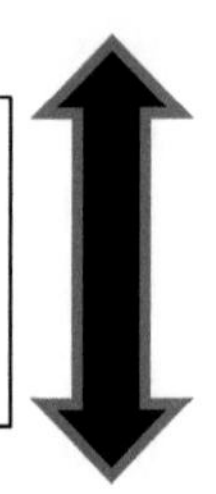

Kapitel 5.7   Stickoxide - Dieselaffäre

2017 war der Höhepunkt der sog. Dieselaffäre. Deutsche Automobilhersteller haben mittels einer eingebauten betrügerischen Software die Dieselmotoren ihrer Fahrzeuge so manipuliert, dass bei Messungen niedrigere Stickoxidwerte angezeigt wurden als tatsächlich vorhanden. Damit wollte man festgelegte Grenzwerte umgehen und Fahrverbote vermeiden. Die Autohersteller haben damit jahrelang die Verbraucher betrogen und der Umwelt geschadet. Außerdem ließ die Autoindustrie Versuche an Affen und Menschen durchführen, um eine Unbedenklichkeit von Stickoxiden zu beweisen. Bei der Verbrennung von Dieselkraftstoff entstehen u.a. die Treibhausgase Stickoxide. Es sind Verbindungen von Stickstoff (N) mit Sauerstoff (O). Da es verschiedene Stickstoff-Sauerstoff Verbindungen gibt, wird meistens die abgekürzte Formel NO_x verwendet. NO_2 wäre dann Stickstoffdioxid. Hauptemittenten für NO_2 sind Feuerungsanlagen und Dieselfahrzeuge und damit der Straßenverkehr. Das Gas verursacht beim Menschen Kopfschmerzen, Schwindel, und Atemnot und ist somit eine Gefahr für die Gesundheit. Außerdem schädigt NO_x das Wachstum der Pflanzen.

Grenzwerte und mögliche Fahrverbote speziell in Ballungsgebieten sind gesetzlich geregelt und basieren auf der 33. und 35. Verordnung des Bundesimmissionsschutzgesetzes.

Wir alle werden über die Medien verfolgen, wie die Sache weitergeht.

Wir können sie mit bloßem Auge nicht sehen, wir können sie manchmal riechen und wir sind betroffen, wenn sie unsere Atemwege reizen – diese kleinen Teilchen, die wir Feinstaub nennen. Euch ist sicherlich gegenwärtig, was 1 Millimeter ist. Aber versteht Ihr auch eine Größenordnung von 1 Millionstel Millimeter? Wohl kaum. Betrachten wir daher zunächst die internationale Größeneinteilung der Feinstäube; englisch Particulate Matter PM; 1 Mikrometer = 1 tausendstel Millimeter.

Staubkörner größer als 10 Mikrometer = 0,01 Millimeter sind **Grobstäube**

Staubkörner kleiner als 10 Mikrometer sind **Feinstäube**

Staubkörner kleiner als 0,1 Mikrometer (ein millionstel Millimeter) sind **Ultrafeinstäube** oder **Nanoteilchen.**

Grenzwerte liegen bei 50-70 Mikrometer je nach Organisation (EU, National), werden immer wieder „angepasst" und bieten viele Ausnahmegenehmigungen.

Soweit zur Größenordnung der Feinstäube. Haben wir es also mit einer unsichtbaren Gefahr zu tun? Ja, auf alle Fälle! Aber so unsichtbar sind die Stäube oft nicht. Natürlich können wir Staubteilchen in einer

Größenordnung von 10 Mikrogramm nur unter dem Mikroskop sehen. Haben wir aber eine massive Anhäufung solcher Teilchen, dann kann deren Wirkung fatal sein: Smog in Industriemonopolen! Vulkanausbrüche wie der Eyjafjallajökuli auf Island, der im Jahr 2010 über Wochen durch die Staubbelastung der Atmosphäre den Luftverkehr in Europa zum Erliegen brachte. Das sind nur zwei Beispiele.

Wo kommen denn diese kleinen Teilchen her? Wir unterscheiden zwei Hauptverursacher, die **natürlichen** Stäube und die **menschbedingten**(anthropogene) Stäube.

Zu den natürlichen Ursachen zählen wir u.a.

- Wüstenstaub
- Vulkanausbrüche
- Waldbrände
- Pilzsporen
- Pollen

Und zu den menschbedingten Ursachen u.a.

- Öfen mit Holzheizung
- Tabakwaren
- Laserdrucker
- Straßenverkehr

Je kleiner die Staubpartikel sind, umso gefährlicher sind sie für unsere Gesundheit. Größere Partikel werden in der Nase und in den Bronchien herausgefiltert. Feinstaub kleiner als 10 Mikrometer dringt aber ungehindert in die Lunge und kann über die feinen Lungenbläschen in die Blutbahn gelangen. Es kann sein, dass sich an die Oberfläche der Staubpartikeln gefährliche Stoffe wie Schwermetalle oder polyzyklische aromatische Kohlenwasserstoffe anlagern, die zu Erkrankungen des Herz-Kreislaufsystems , der Atemwege, zu asthmatischen Anfällen oder zu Lungenkrebs führen können. Polyzyklische aromatische Kohlenwasserstoffe PAK sind krebserzeugende organische Verbindungen, die bei der Verbrennung fossiler Energieträger mit den Abgasen (z. B. PKW) in die Luft geschleudert werden.

Die natürlichen Emissionen kann der Mensch nicht beeinflussen. Wir müssen damit leben. Umso dringender ist es, den anthropogenen menschbedingten Ursachen mehr Beachtung zu schenken. Und damit sind wir wieder beim Hauptverursacher, dem Menschen. Jede Fahrt mit dem PKW erzeugt Feinstäube; diese atmen wir ein, ohne dass es uns bewusst wird. Nach Meinung unseres Kaminkehrers besteht die größte Gefahr allerdings beim Betreiben von holzbefeuerten Öfen, Kaminen oder Kachelöfen. Die heute besonders in den

Wintermonaten so beliebten Wärmequellen vermitteln ein Gefühl der Behaglichkeit, des Wohlfühlens und der Gemütlichkeit. Was wir aber nicht merken oder nicht wahr haben wollen ist die Tatsache, dass diese Wärmequellen die größten Dreckschleudern sind. Feinstäube werden über die Schornsteine in die Luft geschleudert und Feinstäube konzentrieren sich massiv in geschlossenen Räumen! Wenn wir gemütlich am Kachelofen sitzen, atmen wir ununterbrochen Feinstäbe ein! Das ist uns wenig oder gar nicht bewusst; das ist aber auch unser Gesundheitsrisiko!

Es gibt heute schon Gemeinden, die in Neubaugebieten das Betreiben von Feuerungsanlagen mit Holz verbieten (nicht betroffen sind Holzpellets). Unser Kachelofen zu Hause wird regelmäßig nach der 1. BImSchV – Verordnung über kleine und mittlere Feuerungsanlagen (s. Seite 98) überprüft. Die letzte Prüfung ergab, dass der Ofen mit einer Filteranlage nachgerüstet werden muss. Das dient verständlicherweise dem Schutz der Umwelt und der eigenen Gesundheit! Unsere **Erkenntnis** aus dem Thema Feinstaub sagt uns, dass wir tagtäglich kleinste Partikelchen einatmen, die wir nur unter dem Mikroskop sehen können, die aber gerade wegen ihrer Winzigkeit so gefährlich sind. Und was wir tun können, haben wir in diesem Kapitel gezeigt.

Mach mit! Tu was!

Es ist die einige Chance, die wir haben!

Kapitel 5.9	**Lärm**

Der Gesetzgeber spricht von der Emission „Geräusche". Also fragen wir uns zuerst: Was sind Geräusche und warum spielen sie im Umweltschutz eine so bedeutende Rolle? Machen wir zunächst wieder eine kleine Übung:

Was sind für Euch „Geräusche" und könnt Ihr Beispiele
nennen?____

____
____
____
____
____
____
____
____
____
____
____
____
____
___

Ein zwitschernder Vogel verursacht Geräusche; ein Baby gibt Geräusche von sich oder das Haustier erzeugt Geräusche – aber müssen wir die Umwelt vor solchen Geräuschen schützen?

Natürlich nicht!

Wilhelm Busch geht einen Schritt weiter und dichtet treffend:

Musik wird oft nicht schön gefunden, weil sie mit Geräusch verbunden.

Nach Wilhelm Busch können Geräusche also als „nicht schön" empfunden werden. Aber auch das gibt keinen Anlass, die Umwelt vor Musik zu schützen. Wenn wir noch einen Schritt weiter gehen, können Geräusche störend, belastend oder gesundheitsschädlich sein. Dann sprechen wir von **Lärm!**

Lärm erzeugt schädliche Umwelteinwirkungen, die geeignet sind, Gefahren, erhebliche Nachteile oder erhebliche Belästigungen für die Allgemeinheit oder die Nachbarschaft herbeizuführen.

Lärm beeinträchtigt unsere Gesundheit. Die gesundheitlichen Auswirkungen von Lärm treten verstärkt in das Bewusstsein der Menschen. Bei Lärm handelt es sich um einen Stressfaktor, der oftmals unterschätzt wird, aber zu gravierenden gesundheitlichen Folgen führen kann. Zu möglichen Langzeitfolgen chronischer Lärmbelästigung gehören neben Tinnitus und Gehörschäden auch Schlafstörungen, Depressionen, Bluthochdruck, Herzinfarkt und andere Krankheiten.

Das Bundesministerium für Umwelt, Naturschutz, Bau- und Reaktorsicherheit (BMUB) führt regelmäßig Befragungen der Bevölkerung zu Umweltthemen durch. Zum Thema Lärm ergeben sich folgende interessante Tatsachen:

Das Wissen um gesundheitsschädigende Wirkungen von Lärm ist in der Bevölkerung relativ weit verbreitet. Auf die Frage: „Was denken Sie: Für welche der folgenden Krankheiten steigt das Erkrankungsrisiko, wenn man dauerhaft Verkehrslärm ausgesetzt ist?" sind die Antworten wie folgt:

- **Bluthochdruck: 21 Prozent**
- **Depressionen: zehn Prozent**
- **Herzinfarkt: neun Prozent**
- **Alle genannten Krankheiten: 47 Prozent**
- **Keine der genannten Krankheiten: vier Prozent**
- **Weiß nicht: neun Prozent.**

Im Alltag ist es für die meisten Menschen schwierig, sich dem Lärm zu entziehen. Nur 20 Prozent der Bevölkerung geben an, dass Lärm sie in ihrem Lebensumfeld überhaupt nicht stört. Die Mehrheit fühlt sich etwas oder mittelmäßig belästigt und insgesamt 15 Prozent geben eine starke oder äußerst starke Belästigung an.

Die wesentliche Quelle für Lärmbelästigung ist der Straßenverkehr. Mit Abstand folgen der Lärm durch Nachbarn, Industrie–und Gewerbelärm, dann Flugverkehrslärm und Schienenverkehrslärm. (Quelle: BMUB, Umweltbewusstsein in Deutschland 2016, Ergebnisse einer repräsentativen Bevölkerungsumfrage).

Teils amüsant sind Lärmquellen, die zu Streitigkeiten führten und nur per Gerichtsbeschluss beendet werden konnten:

- **Kuhglocken-Prozess**: ein Bürger störte sich am Lärm der Kuhglocken grasender Kühe in der Nähe seiner Wohnanlage. Das zuständige Gericht hat die Klage abgewiesen.
- **Kirchenglocken**: Ein Anwohner fühlte sich durch die Kirchenglocken besonders in seiner Nachtruhe gestört und verklagte die Kirchengemeinde auf Unterlassung des

Glockengeläuts. Kirchenglocken sind kein Lärm im Sinne des BImSchG urteilte das Gericht.

- **Schulpausenlärm**: Schulpausenlärm ist kein schädlicher Lärm ließ ein Gericht die Anwohner wissen.
- **Sportplatzlärm**: Auch Sportplatzlärm ist kein schädlicher Lärm. Die Klage der Nachbarn wurde abgewiesen.

Und jetzt noch ein Hinweis für unsere jungen Umweltschützer: Abspielgeräte mit Ohrhörern (z.B. MP3 Player) können zu Hörschäden führen, da sie oft einen Musikschallpegel erreichen, der zu irreparablen Hörschäden führt. Besonders eine Dauerschallbelastung des Gehörs ist problematisch! Bitte denkt daran:

Ein lärmbedingter Hörschaden ist nicht heilbar!

Überlegt mal, wie viele Lärmquellen es in „Eurer Stadt" gibt. Schreibt Euch die Ergebnisse auf einen Zettel. Es wird Euch nicht so leicht fallen, diese umfassend zu erkennen.

Habt Ihr bei der Übung auch an Rasenmäher oder Laubbläser gedacht? Diese Geräte in lärmempfindlichen Wohngebieten zu verwenden, muss geregelt werden! Die zuständigen Behörden können Betriebsverbote aussprechen.

 So hat die Stadt Garching bei München, in der wir wohnen, eine *Verordnung erlassen über die zeitliche Beschränkung ruhestörender Haus- und Gartenarbeiten, die Benutzung von Musikinstrumenten, Tonübertragungs- und Wiedergabegeräten und das Halten von Haustieren* .

Z.B. dürfen in der Mittagspause zwischen 12 und 14 Uhr keine ruhestörenden Arbeiten durchgeführt werden. Soweit so gut. Das Problem ist nur, dass sich niemand daran hält! Ich ärgere mich immer, wenn in der Nachbarschaft in der Mittagspause der Rasenmäher benutzt wird. Warum eigentlich? Wie wollen wir die Umwelt schützen, wenn sich niemand daran hält?

Vielleicht gelingt es ja, das Bewusstsein und das Verständnis der Bürger für einen Umweltschutz so zu ändern und zu fördern, dass sie sich auch entsprechend verhalten (Das ist das verhaltensorientierte Umweltbewusstsein).

Es wird nur gelingen, wenn alle mitmachen! Also lasst uns beginnen!

Im Folgenden seht Ihr ein Beispiel der Landeshauptstadt München. Ein Riesenproblem für eine Stadt und deren Bewohner!

Für die Stadt München (www.muenchen.de/Lärm) sind Lärmbelästigungen sehr vielseitig und bedürfen klarer Regelungen. Die Stadt unterscheidet:

Gewerbelärm

- Gewerbebetriebe, Gaststätten, Biergärten

Nachbarschaftslärm

- Musiklärm, Veranstaltungen im Freien, Laubbläser, Rasenmäher oder Baumaschinen

Baulärm

- Baustellen, Straßenbau

Straßenlärm

- Straßen, Autobahnen, Straßenreinigung, Winterdienst

Lärm von Schienenfahrzeugen

- Straßenbahn, U-Bahn, S-Bahn, Deutsche Bahn

Fluglärm

- Flugzeuge, Kleinflugzeuge, Hubschrauber

Sonstige Lärmbelästigungen

- Lärm am Arbeitsplatz

Natürlich arbeitet eine Stadt wie München, wie alle anderen Städte, Gemeinden und Behörden auch, teils freiwillig, teils per Gesetzeskraft, intensiv daran, seine Bürger vor Lärmbelästigungen zu schützen.

Hier zunächst ein kleiner Überblick zu Gesetzesauflagen zum Umweltthema Lärm (Auszug):

- **Verkehrsbeschränkungen (§40 BImSchG)**
- **Lärmminderungsplanung (sechster Teil BImSchG)**
- **Schutz bestimmter Gebiete vor Luftverunreinigungen und Geräuschen (§49 BImSchG)**
- **Verkehrslärmschutzverordnung (16. BImSchV)**
- **Sportanlagenlärmschutzverordnung (18. BImSchV)**
- **Geräte- und Maschinenlärmschutzverordnung (32. BImSchV)**
- **Schallschutzverordnungen (diverse: DIN, VDI u.a.)**

Das Bundesumweltamt (UBA) verleiht für Lärmschutzmaßnahmen das Umweltzeichen

Blauer Engel.

Es ist das erste und älteste umweltschutzbezogene Kennzeichen der Welt. Das UBA möchte mit dem **Blauen Engel** die Entwicklung lärmmindernder Technologien fördern. Achtet also mal auf den blauen Umweltengel!

Und was können wir gegen den Lärm tun? Ihr habt jetzt viel zum Thema Lärm gelernt und gelesen. Ihr habt vernommen, dass Lärm unsere Gesundheit schädigt. Jetzt überlegt mal, was Ihr tun könnt, um Lärm zu vermindern oder zu vermeiden. Wenn Ihr in einer Gruppe nach Antworten sucht, dann schreibt auch „verrückte" Ideen zur Lärmminderung auf; vielleicht ist eine Realisierung doch möglich.

Übung: wie können wir Lärm vermindern oder vermeiden?________________________________

____

____

____

____

____

____

____

—— ________________________________

Hier nun einige Beispiele zur Lärmminderung bzw. Lärmvermeidung

Lärmquelle	Maßnahme
Auto	Erhöhung der Auslastung, Fahrgemeinschaften bilden
	Alternativangebote nutzen: Bike- und Carsharing
	Lautes Hupen vermeiden
	Unnötiges Hin- und Herfahren
	Öffentliche Verkehrsmittel nutzen (Bus, Straßenbahn, U-Bahn, S-Bahn)
	Fahrrad statt Auto nutzen (Radinfrastruktur muss verbessert werden)
	Beim Eiskratzen im Winter Motor nicht laufen lassen
	Elektro-Hybrid-Fahrzeuge nutzen
Garten-, Hausgeräte	Keine Laubbläser verwenden; Gartenrechen tut's auch!
	Ruhezeiten beim Rasenmähen einhalten
	Bohren im Haus oder laute Maurerarbeiten nur bei geschlossenen Fenstern; Ruhezeiten einhalten

Musik	bei der Gartenparty: Emission Lärm verträglich belassen; Nachbarn informieren, ev. einladen; Ruhezeiten beachten (Gemeinde fragen)
	Autoradio: volle Lautstärke bei offenem Fenster unterlassen
	MP3 Player: Lautstärke reduzieren; Gehörschäden vermeiden
Reisen	Weniger Reisen bzw. weniger weite Reisen durchführen
	Reiseanbieter mit hohen Umweltstandards wählen*
	Öffentliche Verkehrsmittel benutzen
	Unterkunft mit Umweltzertifikaten suchen durch Verwendung ökologischer Lebensmittel sowie Energie- oder Wassereinsparungsmaßnahmen**
Straßenlärm	Flüsterbelag verwenden
Biergärten	Umweltbewusstes Verhalten; Rücksichtnahme

*Studiosus z.B. legt Wert darauf, seine Reisen klimaneutral zu gestalten

**Minderung oder Vermeidung von Umweltbelastungen wirken sich oft vielseitig aus (Lärm und Luftverunreinigung o.ä.)

Unsere **Erkenntnis** aus dem Umweltthema Lärm: Lärm ist eine Emission, die, wenn sie zur Immission wird, die Gesundheit des Menschen schädigen kann. Besonders in Ballungsgebieten kann Lärm infolge ausufernder Industrialisierung und Gewerbeansiedelungen wie auch durch den Verkehr zu einem alltäglichen Problem werden, das dem Menschen die Ohnmacht seines Handelns vor Augen führt. Und trotzdem hat jeder Einzelne von uns die Möglichkeit, aktiv zu werden. Beispiele dazu haben wir aufgezeigt. Also macht mit, seid Vorbild, betreibt Aufklärung, dann wird vielleicht auch der Nachbar in der Mittagspause seinen Rasenmäher ruhen lassen!

Mach mit! Tu was!

Es ist die einzige Chance, die wir haben!

14

Umweltwissen = Umweltschutz

3 Millionen Tonnen

Kapitel 6
Abfall - Müll

8.000 Tonnen

1,5 Millionen Tonnen

11 Millionen Tonnen

2,8 Milliarden

Könnt Ihr Euch vorstellen, was diese horrenden Zahlen auf der Seite zuvor ausdrücken? Es sind Produkte, die Ihr fast täglich, zumindest sehr oft, benutzt und die nicht mehr benötigt werden und deshalb als Müll weggeschmissen werden: (1 Tonne = 1.000 Kilogramm; p.a. = pro anno = pro Jahr; in D. in Deutschland).

- 8.000 Tonnen Kaffeekapseln p.a. in D. 1
- 11 Millionen Tonnen Lebensmittel p.a.in D. 2
- 2,8 Milliarden Kaffeebecher p.a. in D. Starbucks 3
- 1,5 Millionen Tonnen Verpackungsmaterial p.a. 4
- 3 Millionen Tonnen Plastikmüll in die Meere p.a. 5

Für die Produktion von 2,8 Milliarden (2.800.000.000) Pappbecher werden jährlich in Deutschland: 3

- 43.000 Bäume gefällt
- 1.5 Milliarden Liter Wasser verbraucht
- 320 Millionen KWh Strom benötigt
- 3.000 Tonnen Rohöl verarbeitet
- 111.000 Tonnen CO2 in die Luft gepustet
- Und am Ende 40.000 Tonnen Abfall produziert.

Eigentlich müssten wir zum Himmel schreien ob solcher Zahlen. Unvorstellbar! Wir fühlen uns betroffen aber auch ohnmächtig, denn wir wissen nicht, wie und was wir dazu beitragen können zum Erhalt unserer natürlichen Lebensgrundlagen. Aber gemach. Wir werden die Thematik mit Bedacht angehen, wollen uns zunächst mit dem Umweltthema Abfall/Müll ganz allgemein beschäftigen, um besser zu verstehen, warum Müll entsteht, was wir tun können, um Müll zu vermeiden, welche Maßnahmen wir persönlich ergreifen können und welche Regelungen es dabei gibt. Lasst uns mit einer kleinen Übung beginnen:

1 SZ Nr. 74, 2018-2 BMUB Umweltbewusstsein 2016-3 AWM.de-4 McDonalds weltweit-5 geo.de

Übung: Welchen Müll „produziert" Ihr in Eurem Haushalt?

Übung: Nehmt nun einige Beispiele der Übung zuvor und schreibt auf, was Ihr mit diesem Müll macht?

Gehe ich recht in der Annahme, dass Ihr mit dieser „Mülltrennung zu Hause" Euch ein gutes Umweltgewissen schafft, denn Euer Beitrag kostet Euch kaum Mühen und erst recht keinen Konsumverzicht. Umfragen zeigen, dass für die meisten Deutschen die Mülltrennung zu Hause ihr wichtigster persönlicher Beitrag zum Umweltschutz ist.

Wir haben ein wichtiges Gesetz, das uns alle betrifft und uns auffordert, systematisch am Thema Abfälle/Müll zu arbeiten (Müll ist die Umgangssprache für Abfälle):

Das Kreislaufwirtschafts–und Abfallgesetz

(KrW-AbfG); hier zunächst einige Begriffe:

Abfälle sind bewegliche Sachen, deren sich der Besitzer entledigt, entledigen will oder entledigen muss.

Das klingt ja ganz plausibel. Wenn wir mehr darüber wissen wollten, müssten wir im Gesetz im Anhang 1 nachlesen. Das ist aber für unsere Zwecke nicht notwendig.

Der Gesetzgeber legt nun den Geltungsbereich für die Abfälle fest – das ist wichtig für uns. Das Gesetz besagt, dass Abfälle erst zu vermeiden, dann zu verwerten und schließlich zu beseitigen sind. Was heißt das?

Erste Priorität bei Abfällen hat die **Vermeidung**. Was tun wir, um Abfälle zu vermeiden?

An zweiter Stelle steht die **Verwertung**! Wenn trotz unserer Bemühungen, Abfälle zu vermeiden, Abfälle entstehen, müssen wir alles daransetzen, diese zu verwerten.

Drittens: Wenn trotz Vermeidung und Verwertung noch Abfälle anfallen, müssen diese **beseitigt** werden.

Merken wir uns die drei Prinzipien der Abfallwirtschaft:

Vermeiden – Verwerten – Beseitigen

Prinzipien der Abfallwirtschaft

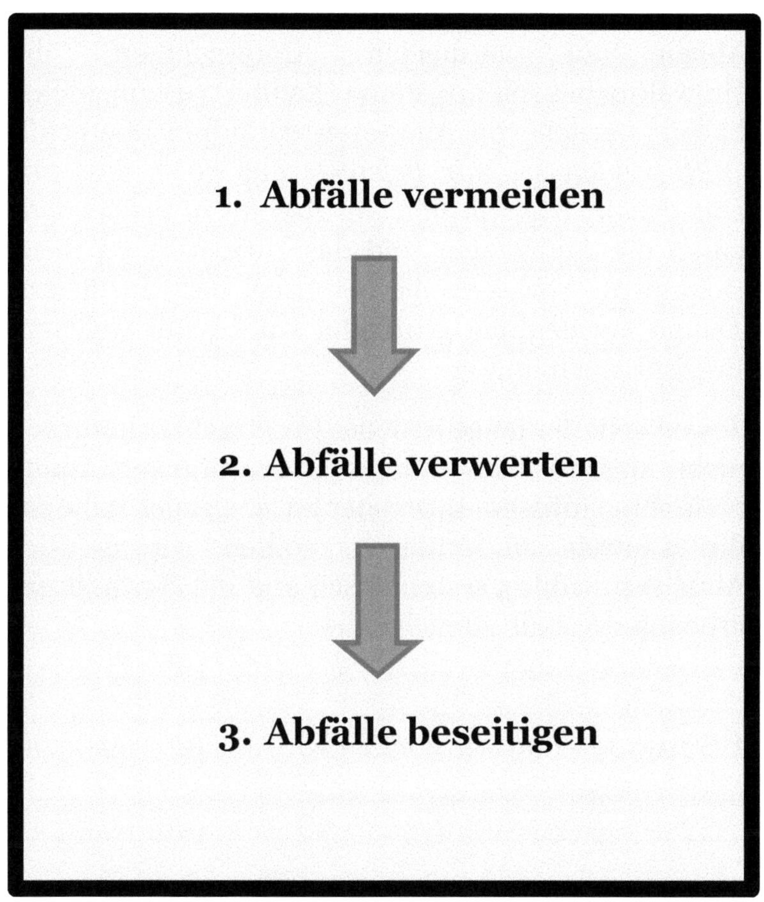

Per Gesetzeskraft müssen wir alles daransetzen, um Abfälle zu vermeiden. Unternehmen, die Umweltmanagementsysteme (Kapitel 2.4) eingeführt haben, werden von Auditoren daraufhin überprüft. *„Bitte zeigen sie mir Beispiele aus 2017, was das Unternehmen getan hat, um Abfälle zu vermeiden"* lautet die Auditfrage. Und das Unternehmen muss Dokumente vorlegen, die beweisen, dass an diesem Thema Vermeidung gearbeitet wurde, mit welchem Ergebnis auch immer.

Soweit geht der lange Arm des Gesetzgebers natürlich nicht, dass wir als Bürger Überprüfungen/Audits befürchten müssen. Da es aber unser eigener Wille ist, die Umwelt zu schützen, sollten wir an der Abfallvermeidung systematisch und mit Bewusstsein arbeiten. Deshalb zunächst die

Übung: Wo und wie können wir Abfälle vermeiden?

____

____

____

____

____

____

Lasst uns Beispiele nennen, die uns zeigen, was wir als Verbraucher tun können, um Abfälle zu vermeiden:

Einkaufskorb: Obst und Gemüse werden immer öfter lose zum Verkauf angeboten. Wir benutzen dazu einen Korb oder Stofftaschen und vermeiden das Einfüllen in Plastiktüten. Beim Einkaufen „in der Stadt" nehmen wir Stofftaschen mit. Viele Geschäfte verlangen heute schon für eine Plastiktasche einen Obolus-z.B. 20 oder 50 Cent pro Tasche.

Trinkwasser: Wir kaufen kein Trinkwasser in Plastikflaschen sondern trinken das Wasser aus der Leitung. Die Qualität des Trinkwassers in Deutschland ist ausgezeichnet! Für unterwegs benutzen wir Trinkflaschen, die wir immer wieder nachfüllen können. Beim Kauf von Getränken in Flaschen achten wir auf Mehrwegflaschen.

Nachfüllpackungen: Für viele Produkte, z.B. Waschpulver, gibt es Nachfüllpackungen.

Werbung: An unserem Briefkasten klebt das Schild „keine Werbung". Wir vermeiden dadurch eine ganze Menge an Papiermüll.

Repair Café: Private Initiatoren, unterstützt durch Kommunen oder soziale Organisationen, eröffnen „Repair Cafés", in denen wir defekte Geräte unter fachlicher Anleitung reparieren können. Eine grandiose Idee zur Umkehr der Wegwerfmentalität.

Flohmarkt: Wir versuchen, gebrauchte oder nicht mehr benötigte Artikel im Haushalt nicht wegzuschmeißen sondern sie auf Flohmärkten oder im „Kaufhaus für gebrauchte Produkte" anzubieten. Jede Wiederverwendung eines gebrauchten Produktes verhindert eine Neuproduktion und schont damit Ressourcen.

In einer ganzseitigen Anzeige im Öko-Test Magazin 12:2017 berichtet **Rewe** unter der Überschrift „Auspacken statt Einpacken" über sein Engagement zur Reduzierung von Verpackungsmüll. Folgende Einsparungen werden beschrieben:

235 Tonnen Plastik in 2016 eingespart	durch Reduzierung der Folienstärke bei Eigenmarkenprodukten
1.400 Tonnen Plastik eingespart seit Juli 2016	durch Abschaffung der Einkaufstüte aus Plastik
1 Tonne Papier & Plastik	durch „Natural Labelling" bei Bio Avocado u. Bio Süßkartoffeln
192 Tonnen Plastik eingespart seit 2013	Bananen ohne Plastikverpackung
0,5 Tonnen Treibhausgas	Verwendung von Graspapier
Weitere Tests im Obst und Gemüsebereich	Reduzierung von Plastikmaterial

Unsere **Erkenntnis** zum Thema Müllvermeidung: Jeder von uns kann im täglichen Leben eine ganze Menge tun, um Abfälle zu vermeiden. Wir haben genügend Beispiele gezeigt und damit unser Bewusstsein geschärft, um in Zukunft einen noch größeren Beitrag zur Müllvermeidung zu leisten.

Mach mit! Tu was!

Es ist die einzige Chance, die wir haben!

Wenn trotz unserer Bemühungen, Abfälle zu vermeiden, Abfälle entstehen, dann sollten wir diese nicht gleich wegwerfen, sondern im nächsten Schritt unserer Abfallwirtschaft versuchen, diese zu verwerten. Was heißt das?

Was macht Ihr mit altem Brot? Hoffentlich nicht wegschmeißen. Es gibt eine Fülle von Rezepten zur Verwertung von **Altbrot**. Die mir im Gedächtnis gebliebene Verwertung ist eine Brotsuppe, die bei der Lebensmittelknappheit der Nachkriegsjahre von meiner Mutter öfters gekocht wurde. Und ich habe sie in guter schmackhafter Erinnerung!

Essensreste, die in Biergärten oder Restaurants anfallen, sind bei Landwirten sehr gefragt, da sie ein nahrhaftes Futtermittel für Schweine abgeben – auch eine Art Verwertung von Lebensmitteln!

Bei der Herstellung und Verarbeitung von **Kunststoffen** können Abfälle recycelt und dem Produktionsprozess wieder zugeführt werden.

Und hier ein persönliches Beispiel: Ich hatte einen bekannten Obstkonservenhersteller bei der Einführung der Qualitäts- und Umweltmanagementsysteme 9001 und 14001 beratend unterstützt. Bei der Beschreibung des Prozesses zur Herstellung von Schattenmorellen stießen wir auf ein Problem: Nach dem Waschen der

Sauerkirschen werden die Kirschen mechanisch entkernt und die **Kirschkerne** mittels eines kleinen Förderbandes aus dem Produktionsprozess abgeleitet und im Hof angehäuft. Was tun mit den Kirschkernen? In Zusammenarbeit mit einem Forschungsinstitut ergaben sich zwei Möglichkeiten zur Verwertung der Kerne. Erstens: die Verwendung in Kirschkernkissen! Und zweitens die Zuführung zu Ackerböden zur Auflockerung der Böden! Zwei Praxisbeispiele zum Thema Verwertung von Abfällen!

Energetische Verwertung

Heizkraftwerke erzeugen Elektrizität und Wärme. Und womit werden sie „gefüttert"? Das Heizkraftwerk München Nord wird mit Steinkohle (etwa 800.000 Tonnen p.a.) und mit Restmüll (ca. 650.000 Tonnen p.a.) befeuert. Der Restmüll wird also nicht auf einer Müllkippe entsorgt, sondern im Kraftwerk verfeuert und zwar zur Erzeugung von Elektrizität und Fernwärme. Wir sprechen deshalb von einer **energetischen Verwertung**! **Bioabfälle** eignen sich zur Verwertung als Blumenerde; auch die ausgedienten Weihnachtsbäume.

Eine Verwertung von Abfällen ist durchaus realistisch; wir müssen uns nur damit beschäftigen und nach Möglichkeiten suchen, welchen Beitrag wir dazu leisten können. Denkt also neben der Vermeidung auch an eine Verwertung; die Umwelt wird es Euch danken.

Mach mit! Tu was! *Es ist die einzige Chance!*

Ihr habt bisher schon viel getan, um Abfälle zu vermeiden oder Abfälle zu verwerten. Trotzdem fallen täglich Unmengen von Abfällen an, die entsorgt werden müssen. Welche sind das? Macht Euch mal die Mühe und schreibt über eine Woche lang alle Abfälle auf, die bei Euch in der Familie anfallen und versucht, diese einer gewissen Ordnung zuzuführen: (bitte denkt daran, auch ein benutztes Papiertaschentuch ist Abfall).

Übung: Welche Abfälle fallen in meiner Familie an und wie kann ich diese sortieren?

____

____

____

____

____

____

____

____

Natürlich ist die Abfallwirtschaft in Eurer Gemeinde im Detail geregelt. Trotzdem wollen wir uns die Wege zur Abfallwirtschaft vor Augen führen und damit das Bewusstsein schärfen und uns noch stärker engagieren als bisher.

Wege der Abfallentsorgung

Trennung im Haushalt

Abfälle in Mülltonnen

Einwurf in Wertstoffinseln

Annahme im Wertstoffhof

Altkleidersammlung

Problemabfälle („Giftmobil")

Sperrmüll

Im **Wertstoffhof** müssen die Abfälle getrennt werden nach Altholz, Elektroschrott, Altmetall, Bauschutt und Sonstiges wie Kühlschränke etc.

Gelbe Tonne für Kunststoffe und Metall

Wertstoffinseln

Grüne Glascontainer

Die Abfallentsorgung liegt in der Verantwortung der Kommunen. Deshalb kann es auch zu unterschiedlichen Regelungen kommen, wie z. B. in der farblichen Gestaltung der Abfallbehälter (z.B. braun = Bioabfall; grau = Restmüll; grün = Papier; gelb = Kunststoffe).

Die Kommunen verteilen an die Haushalte Informationsbroschüren über Standorte, Termine und Kosten. Außerdem könnt Ihr nachlesen, welcher Abfall in welche Tonne gehört und welcher nicht. Kennt Ihr die Broschüre für Euren Haushalt? Wenn nicht, besorgt Euch diese, fragt in Eurer Gemeinde nach. Ihr könnt einen großen Beitrag leisten zur geregelten Abfallentsorgung, denn es ist schon ein Unterschied, ob Ihr das berühmte Papiertaschentuch in die Papiertonne oder in den Restmüll werft. Jeder unsachgemäßen Entsorgung folgt eine notwendige Sortierung und damit zusätzlicher Aufwand und zusätzliche Kosten. Das muss doch nicht sein!

Und nun noch ein Hinweis zu den Kosten. In meiner Gemeinde Garching bei München zahlen wir für eine 120 Liter Tonne Restmüll im Jahr 2017 Euro 98,04. Für Altpapier und Biomüll verlangt die Gemeinde keine Gebühren, weil dieser Müll nach dem Recycling verkauft wird und damit Gewinn erlöst wird. Biomüll wird beispielsweise zu Blumenerde recycelt und diese verkauft. (Abbildung Abfallentsorgung).

Schockiert hat mich ein Bericht in dem Münchner Magazin „BISS" (Bürger in sozialen Schwierigkeiten) vom Februar 2018 über das Recyceln von Elektroschrott. Von den Wertstoffhöfen in und um München werden die Behälter mit Elektroschrott in den sozialen Betrieben angeliefert, dort zunächst vorsortiert: Flachbildschirme hierhin, Röhrenfernseher dorthin, dann die Kabel abgezwickt und anschließend in Einzelteile zerlegt. 35 Mitarbeiter (meist Langzeitarbeitslose) schaffen pro Woche sieben Container, das sind zwischen **30 und 40 Tonnen Elektroschrott jede Woche!** Könnt Ihr Euch diese Dimension überhaupt vorstellen? Allein im Münchner Raum pro Woche 40 Tonnen Elektroschrott! Unfassbar.

STADT GARCHING B. MÜNCHEN | Rathausplatz 3 | 85748 Garching b. München

Herrn
Dr. Dieter Groll

Frau Schäfer
Zimmer 1.21
Telefon 089/32089-124
Fax 089/32089-9124
steueramt@garching.de

UNSER ZEICHEN
GB 3 / SCHA

Garching b. München, 02.01.2017

ABFALLENTSORGUNG
GEBÜHRENBESCHEID

Kassenzeichen: 01 00012018 0001
bei Zahlung und Schriftwechsel unbedingt angeben

Auf der Grundlage der Gebührensatzung für die öffentliche Abfallentsorgung der Stadt Garching b. München werden folgende Gebühren festgesetzt:

Grundstückslage:	Arberweg 18

Jahr	Tarifbezeichnung	Jahresbetrag pro Tonne	Anz.	Zeitraum	Betrag
2017	Restmüll 120 l (14-tägige Leerung)	98,04	1	01.01. - 31.12.	98,04
2017	Altpapier 240 l (4-wöchentliche Leerung)		1	01.01. - 31.12.	
2017	Biotonne 120 l (wöchentliche Leerung)		1	01.01. - 31.12.	
				Gesamtbetrag	98,04 €

aktuell	[...] 3000000738 vom Konto IBAN: DE37 [...] je[...]en Fälligkeiten eingezogen.

Fälligkeiten im laufenden Jahr:

fällig am	15.02.2017	15.05.2017	15.08.2017	15.11.2017
Betrag	24,51 €	24,51 €	24,51 €	24,51 €

Fälligkeiten für die Folgejahre:

fällig am	15.02.	15.05.	15.08.	15.11.
Betrag	24,51 €	24,51 €	24,51 €	24,51 €

Dieser Bescheid gilt auch für Folgejahre, solange keine Änderung eintritt.
Erst bei einer Änderung erhalten Sie einen neuen Abfallentsorgungsbescheid.

Stadtverwaltung	Besuchszeiten	Bankbezeichnung	IBAN	BIC
Rathausplatz 3	Montag-Freitag	Kreissparkasse München Starnberg Ebersb	DE 74702501500090243346	BYLADEM1KMS
85748 Garching b. München	8 00-12 00 Uhr	Postbank München	DE 66700100800044337801	PBNKDEFF
Telefon 089/32089-0	Donnerstag	Volksbank Raiffeisenbank Ismaning eG	DE 87700934000000240109	GENODEF1ISV
Telefax 089/32089-298	15 00-18 00 Uhr	Hypovereinsbank	DE 54700202705250103508	HYVEDEMMXXX

Internet: www.garching.de		Gläubiger ID-Nr	USt-ID-Nr	USt.-Nr.
E-Mail: stadt@garching.de		DE 91ZZZ00000035579	DE 129 523 664	143/241/70252 FA München

Natürlich wollen wir auch die positiven Seiten sehen: Beschäftigung von Arbeitslosen und sozial behinderten Menschen, Gewinnung von wertvollen oft seltenen Rohstoffen. Aber was tun wir denn, um Elektroschrott überhaupt zu vermeiden oder zu verringern? Können wir ein Handy nicht ein Jahr länger benutzen als bisher? Muss es immer der neueste Fernseher sein? Ansatzpunkte zur Vermeidung von Müll gibt es viele. Wir sind auf dem richtigen Weg, wenn unser Gewissen uns sagt, **wir müssen mehr tun!**

Passend zur Problematik „Recycling" ist ein Leitartikel aus der FAZ vom 5. Januar 2018. Dort schreibt Helmut Bünder unter der Überschrift *Im Müllstau* :

Müll sortieren schafft ein gutes Umweltgewissen, mühelos und ohne Konsumverzicht. Für die meisten Deutschen ist die Mülltrennung ihr wichtigster Beitrag zum Umweltschutz, zeigen Umfragen. Was aus dem sortierten Abfall wird, steht auf einem anderen Blatt. Ein großer Teil der „Wertstoffe" landet in der Verbrennungsanlage, und viele tausend Tonnen werden ins Ausland verschifft und dort verarbeitet, weil es hierzulande an Sortier- und Recyclingkapazitäten mangelt. Der chinesische Importstopp für Plastikabfälle wirft ein Schlaglicht auf das Dilemma. Ohne den Export nach Asien droht Deutschland der Müllstau. Mit ehrgeizigen Recyclingquoten – auf die bisher übrigens auch der in China verwertete deutsche Müll angerechnet wird

– ist es nicht getan. Wenn die Politik es ernst meint mit Ressourcenschonung und Kreislaufwirtschaft, muss sie ihren Beitrag dazu leisten, dass Recyclingprodukte auch ihren Markt finden. Das beginnt bei leistungsfähigen Sammelsystemen, die eine hohe Rohstoffqualität gewährleisten, und endet bei gesetzlichen Anreizen für den Einsatz von Sekundärmaterial aus der Mülltonne. Das hat allerdings seinen Preis, aber das gute Umweltgewissen gibt es nicht umsonst.

Es war im August 2006. Gaby und ich verbrachten in einer schönen Hotelanlage mit Ferienhäusern und Wohnungen auf der griechischen Insel Kos einen erholsamen Urlaub. Unsere täglichen Strandsparziergänge führten uns hinaus in die Einsamkeit. Eines Tages, wir hatten die Hotelanlage weit hinter uns gelassen, bemerkten wir im ruhigen Meer irgendetwas Außergewöhnliches. Was trieb dort? Ein gekentertes Boot, eine Luftmatratze? Oder sonst etwas? Wir näherten uns neugierig und konnten bald eine kleine „Insel mit Abfällen" erkennen. Ich stieg ins Wasser – das Meer war an dieser Stelle sehr flach – steuerte die „Insel" an und was sah ich: zwei Meeresschildkröten, die sich in einem Fischernetz verheddert hatten. Sie waren Gefangene im Plastikmüll des Ägäischen Meeres. Was tun? Ohne weiteres Nachdenken zog ich die „Insel" in den trockenen Sand, was sich doch als schwierig herausstellte, denn die ausgewachsenen Schildkröten mit all dem Müll hatten ein Gewicht, das mich fast scheitern ließ. Mit tatkräftiger Unterstützung von Gaby hatten wir es dann doch geschafft. Und an Land sahen wir das ganze Ausmaß der Tragödie: das Fischernetz mit seinen scharfen Nylonfäden hatte sich um Hals, Flossen und Schwanz der Tiere gewickelt, dass diese manövrierunfähig waren und durch einen wahrscheinlich längeren Kampf zur Befreiung sehr erschöpft waren. Das Netz hatte sich teilweise so stark in die Haut der Tiere eingeritzt, dass diese an einigen Stellen bluteten. Unser Entschluss stand: wir müssen diese Tieren vom Fischernetz befreien. Und es war sehr mühsam, denn wir hatten weder ein Messer noch andere „Werkzeuge" dabei, waren wir doch nur mit unseren Badesachen bekleidet. Aber es gelang, zuerst haben wir den Kopf befreit, dann die Flossen und zuletzt den ganzen Panzer. Und beide Tiere haben alles ohne Widerstand über sich ergehen lassen. Die Schildkröten trug ich dann einzeln zurück ins Meerwasser, schaute ihnen lange nach und wünschte ihnen ein schönes Leben in Freiheit! Warum diese meine Schilderung?

Zur Zeit unseres Urlaubs war uns zwar bewusst, dass die Meere ganz allgemein durch Müll stark belastet waren, aber an schmutzige „Inseln" in unserem Strandbereich hätten wir nie gedacht, denn wir erwarteten „nur" das klare, türkisfarbene Meereswasser, das wir ja für unseren Urlaub auch so „gebucht" hatten. Seit jenen Urlaubsjahren gelangen aber mehr und mehr Plastikabfälle in die Meere, man spricht heute von jährlich etwa 3 Millionen Tonnen Plastikabfälle, die in die Ozeane gelangen. Jährlich wohlgemerkt! Und jährlich werden es mehr! Nach einer Umfrage des Bundesumweltministeriums (Quelle: BMUB, Umweltbewusstsein in Deutschland 2016) wird der Plastikmüll in den Weltmeeren von 74 Prozent der Befragten als sehr bedrohlich und von weiteren 23 Prozent als eher bedrohlich für den Erhalt unserer natürlichen Lebensgrundlagen genannt. An zweiter Stelle der Bedrohung sehen die Befragten die Abholzung von Wäldern.

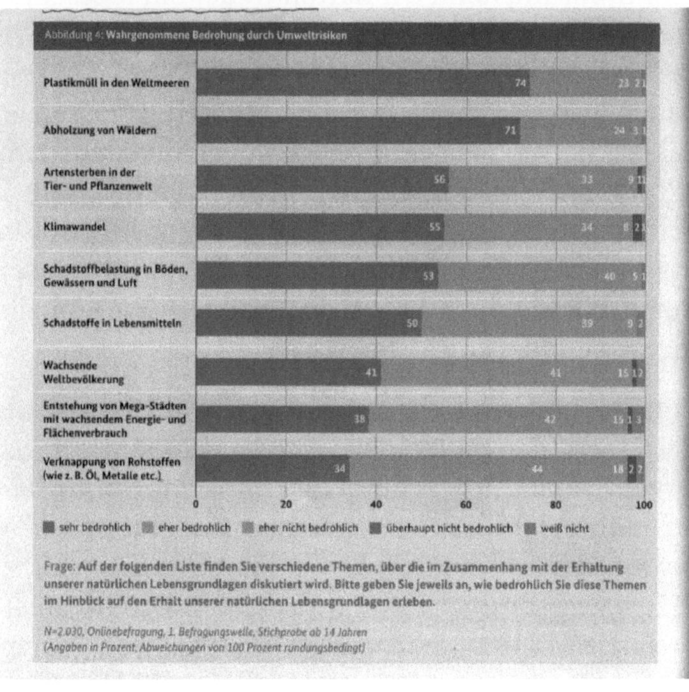

Im Meer hat Plastik eine Haltbarkeit von bis zu 450 Jahren. Nur langsam wird es durch Salzwasser, Sonne und Reibung zersetzt, dabei werden oft giftige Stoffe freigesetzt. Bis zu 18.000 Plastikteile schwimmen nach Schätzungen der UN-Umweltprogramme auf jedem Quadratkilometer Wasseroberfläche. In manchen Regionen findet sich sechsmal mehr Plastik im Wasser als Plankton – eine tödliche Gefahr für die faszinierende Artenvielfalt der Ozeane. (Quelle: Naturschutzbund Deutschland e.V.)

Unsere Meere und ihre Bewohner sind also durch Plastikmüll massiv bedroht. Und was können wir dagegen tun? Neben der Politik und der Industrie kann jeder einzelne von uns seinen Beitrag leisten, in dem er Plastikmaterial (Flaschen, Tüten, Verpackungen u.a.) wo immer möglich vermeidet. Darauf haben wir im Kapitel 6.3 Abfallvermeidung ausführlich hingewiesen.

Mach mit! Tu was!

Es ist die einzige Chance, die wir haben.

Mikroplastik

Unsichtbar aber nicht minder umweltschädlich sind Kunststoffteilchen, die kleiner als fünf Millimeter sind und damit im Nanobereich liegen. Wo entstehen diese Nanoteilchen?

- **Straßenverkehr**: Abrieb von winzigen Reifengummipartikeln, Asphalt oder Straßenmarkierungen
- **Kunstrasen**: besonders in Sportstätten
- **Funktionskleidung:** bei der Nutzung oder in der Waschmaschine
- **Plastikmüll:** durch Verrottung und Zersetzung
- **Kunststoffe:** bei der Herstellung und Verarbeitung
- **Kosmetik:** Mikrokunststoffe werden in einer Vielzahl von Kosmetikprodukten verarbeitet. Sie dienen dabei als Schleifmittel(Peeling), Bindemittel oder Füllmittel.

Über Abwässer, Mülldeponien, Starkregen oder Straßen-reinigung gelangen die Mikroplastikteile in Kläranlagen, Flüsse, Seen und letzendes ins Meer und damit auch in die Nahrungskette von Mensch und Tier, ohne dass wir es bemerken. Forscher arbeiten intensiv daran, Mikroplastikteile z. B. durch Filteranlagen auszufiltern, was sich aber bei der Kleinheit der Partikeln als äußerst schwierig erweist.

Der BUND (Bund für Umwelt und Naturschutz, Veröffentlichung vom März 2016) hat in über 20 Seiten Kosmetikprodukte mit Verwendung von Mikroplastik aufgelistet und darauf hingewirkt, dass die Industrie Mikroplastik aus ihren Rezepturen herausnimmt. Bisher wohl ohne großen Erfolg.

Für zertifizierte Naturkosmetikprodukte ist Mikroplastik nicht zugelassen! Die Hersteller verwenden stattdessen pflanzliche oder mineralische Stoffe.

Unsere **Erkenntnis**? Mikroplastikteile sind übiquitär, ohne dass wir deren Existenz erkennen. Mikroplastik ist gesundheitsschädlich und umweltschädlich. Das sollte uns bewusst sein.

auf dem Markt in Susdal Russland

Jahr für Jahr landen in Deutschland **11 Millionen Tonnen Lebensmittel auf dem Müll**. Über 60% davon gehen auf das Konto der Privathaushalte! Jeder Bundesbürger wirft damit im Durchschnitt pro Jahr 80 Kilogramm Lebensmittel weg! Betroffen sind vor allem frische Artikel wie Backwaren, Milchprodukte, Fleisch, Fisch, Gemüse und Obst (BMUB,U-bewusstsein 2016). Wie ist so was möglich, fragen wir uns? Unglaublich! Habt Ihr schon mal Lebensmittel weggeschmissen? Wenn ja, warum? Wenn wir an dieser Situation etwas ändern wollen, dann müssen wir zunächst die Gründe für so ein Verhalten herausfinden, um dann gezielt Maßnahmen zur Verbesserung ergreifen zu können. Wir nehmen jetzt die Privathaushalte aufs Korn und fragen uns, was sind denn die

Gründe für Lebensmittelverluste:

- Fehlende oder schlechte Planung beim Einkauf oder bei der Herstellung der Mahlzeiten
- Falsche Lagerung
- Kein Überblick über Vorräte
- Mindesthaltbarkeit kurz davor oder schon abgelaufen
- Mangelnde Wertschätzung

Tipps zu Vermeidung von Lebensmittelmüll:

- Kochideen für die kreative Resteküche durch die App „zu gut für die Tonne" des BMUB
- Mit gutem Beispiel voran: Eltern-Kinder
- Auch nach Ablauf des Mindesthaltbarkeitsdatums sind Produkte noch völlig einwandfrei
- Bewusstsein über den Wert der Lebensmittel bei Kindern und Jugendlichen fördern; auch in der Schule
- Bewusster einkaufen
- Lebensmittel richtig lagern; Kühlschrank Anleitung beachten
- Reste einfrieren oder verwerten
- Konsumverhalten überdenken (Äpfel mit Flecken)
- Teller beim Buffet nicht vollladen!

Die Hofpfisterei München, der führende Öko-Bauernbrot Spezialist in Deutschland, hat verschiedene Wege etabliert, um den Anteil an Altbrot so gering wie möglich zu halten (Nachhaltigkeitsbericht 2017).

Vermeidung von
Lebensmittelverschwendung

In der letzten Verkaufsstunde bieten wir unseren Filial-Kunden die Happy-Hour an. Tagfrische Brot- und Backwaren werden zu reduzierten Preisen abverkauft.

Des Weiteren wird in einem Restbrotladen in München die restliche Produktion vom Vortag zu einem besonders günstigen Preis verkauft. Ein Angebot, das sich großer Beliebtheit erfreut.

Soziale Einrichtungen, wie z.B. die Münchener Tafel, erhalten Brotspenden.

Verbleibende Reste werden zur Futtermittel-herstellung an Ökobauern abgegeben, so dass sich der Kreislauf der ökologischen Landwirtschaft wieder schließt.

Mit leckeren Pfisterbrot-Rezepten inspirieren wir unsere Kunden zu kreativen Verwendungs-möglichkeiten. Die Sammelrezepte zeigen leckere und schnelle Zubereitungsideen – auch für Brot, das nicht mehr tagfrisch ist

Unsere Erkenntnis zum Thema Lebensmittel-Müll!

Jeden, der Lebensmittel in den Müll schmeißt, sollte das Gewissen plagen, denn Millionen von Menschen leiden infolge Kriegseinwirkungen oder Naturkatastrophen elendig Hunger. Der Bettler, der an der zugigen kalten Ecke um ein Almosen bittet, die Marktfrau, die die magere Ernte ihres Gartens zu einem Spottpreis feilbietet oder der Kriegsveteran, dem die Rente nicht zum Leben reicht, sie alle leiden Not und Hunger und wir Gesättigte in den Industrienationen schmeißen Lebensmittel auf den Müll. Allein in Deutschland 11 Millionen Tonnen im Jahr! Unglaublich! Das muss sich ändern! Wir haben schöne Beweise, dass das durch unser Engagement möglich ist: Tausende freiwillige „Helfer" versorgen in den Tafeln hungernde Menschen mit Lebensmitteln! Eine tolle Einrichtung. Und es zeigt sich, dass wir alle einen Beitrag zur Vermeidung von Müll leisten können, wenn wir nur wollen! Seid Euch der Tatsache bewusst. Schmeißt keine Lebensmittel weg.

Mach mit! Tu was!

Es ist die einzige Chance, die wir haben.

Flora

Fauna

Biotope

Artenvielfalt

Ihr habt bestimmt schon gehört, dass Bienenvölker sterben, weil Monokulturen in der Landwirtschaft – z. B. der Maisanbau - den Bienen keine Nahrung mehr geben. Andererseits aber siedeln sich Bienenvölker in Städten an, weil Parkanlagen, blühende Gärten oder Balkonblumen den Bienen den Nektar geben, den sie für die „Produktion" eines Stadthonigs brauchen. Irgendwie ist das abartig!

Gingo Blatt aus unserem Garten

Wir wollen uns deshalb mit dem Thema Biodiversität näher beschäftigen, weil Umweltschutz ohne Erhalt der Lebensräume und Sicherung der Arten- und Sortenvielfalt nicht denkbar ist. Was bedeutet Biodiversität? Der Begriff setzt sich zusammen aus dem altgriechischen Wort bios (Leben) und dem lateinischen Wort diversitas (Verschiedenheit). Also: Verschiedenheit des Lebens oder besser: Artenvielfalt. Bereits 1992 hat die EU, damals noch die Europäische Wirtschaftsgemeinschaft EWG, die Richtlinie 92/43 mit der Bezeichnung

Fauna – Flora – Habitat Richtlinie/ FFH Richtlinie

herausgebracht. Die Richtlinie hat zum Ziel, wildlebende

184

- **Fauna (Tiere),**
- **Flora (Pflanzen)** und deren
- **Habitat (Lebensräume)**

zu sichern und zu schützen. 2008 beschloss der Bayerische Ministerrat die Bayerische Biodiversitätsstrategie zum Erhalt der biologischen Vielfalt unter dem Motto „Natur. Vielfalt. Bayern".

Die zentralen Ziele sind:

- Sicherung der Arten- und Sortenvielfalt
- Erhaltung der Vielfalt der Lebensräume
- Verbesserung der ökologischen Durchlässigkeit von Wanderbarrieren wie Straßen, Schienen und Wehre
- Vermittlung und Vertiefen von Umweltwissen.

totes Bienenvolk

Unser Leben spielt sich in zwei Wirkungskreisen ab. Der eine Kreis beinhaltet ein ökonomisches System, der zweite Kreis ein ökologisches System (Quelle: BMUB Nationale Strategie zur biologischen Vielfalt 2007).

Das **ökonomische Wirkungssystem** ist

- Unser Zuhause, das Zimmer
- die Schule oder die Firma, in der Ihr arbeitet
- die Stadt, in der Ihr lebt, mit all den Verkehrsmitteln
- das Gewerbegebiet mit Einkaufsmärkten
- eine moderne Industriegesellschaft

Dieser Wirkungskreis, in dem alle Menschen leben, entwickelt sich ständig weiter. Die Landbevölkerung zieht in die Städte, mehr Wohnungen sind notwendig, Kommunen weisen neue Gewerbegebiete aus, um mehr Steuern einzunehmen; der Straßenverkehr fordert immer neue Infrastrukturen; mit einem Wort: die Verstädterung nimmt zu. Aber um welchen Preis?

Das **Ökologische Wirkungssystem** ist das, was wir als Naturerlebnis, Lebensgefühl oder Urlaubsgestaltung bezeichnen können und das Ihr wohl größtenteils in Eurer Freizeit beansprucht:

- die Natur ganz allgemein
- die Landschaft
- die Berge und Seen

- das Wasser
- die Gärten
- der Boden
- die Pflanzen, Tiere und Mikroorganismen
- die Luft zum Atmen

Das ökonomische Wirkungssystem zieht immer größere Kreise, was nichts anderes bedeutet, als dass das ökologische Wirkungssystem schrumpf. Und das ist unser Problem. Weltweit beobachten wir einen Rückgang von Fauna, Flora und Habitat. Wir müssen intensiv daran arbeiten, um die Vielfalt der Arten und Naturräume zu erhalten und das gesellschaftliche und wirtschaftliche und private Interesse in Gleichklang bringen. Denn wenn die Ökonomie in die Ökologie eingreift, dann kommt es zu verheerenden Katastrophen wie Naturzerstörungen, Rodungen, Lawinen und Moränenabgängen, Überschwemmungen, Waldsterben und Ausbeutung von Mensch und Natur. Der Erhaltung der Biodiversität kommt eine immer größer werdende Bedeutung zu. Wir brauchen eine nachhaltige Entwicklung der Wirkungssysteme. Diese kann nicht einfach vom Staat verordnet werden, sie muss durch das Handeln von Organisationen, Gesellschaften und von uns Menschen selbst zu unserer eigenen Sache gemacht werden. Viele private und staatliche Initiativen dienen sowohl der Erhaltung der biologischen Vielfalt als auch der Armutsbekämpfung und Konfliktprävention.

Auf ein besonderes soziales Projekt möchte ich hier verweisen: **Ombili**

Anlässlich einer Urlaubsreise 1994 nach Namibia besuchten meine Frau Gaby und ich die Farm Ombili. Ombili liegt im Norden von Namibia, 90 km nördlich von Zsumed. Dort leben etwa 500 San, auch Buschmänner genannt. Sie sind die Ureinwohner des südl. Afrikas. Sie waren ein Nomadenvolk, sind geschickte Jäger und Sammler. In ihren Jagdgebieten haben sich jedoch mehr und mehr Farmen gegründet, welche den San ihre Lebensader wegnahmen. 1989 hat deshalb der deutsche Farmer Klaus-Jochen Mais-Rische seine Farm Lubwigslust zur Verfügung gestellt und Ombili gegründet mit dem Versuch, den Ureinwohnern des südl. Afrikas das Überleben in einer kommerziellen Welt zu ermöglichen.

Seit 1989 hat sich Ombili zu einer „Dorfgemeinschaft" entwickelt mit Wohnungen, Kindergarten, Grundschule, Ambulanz, eigenen Werkstätten und einem professionellen Management. Die Landwirtschaft ist – leider – immer den extremen Klimabedingungen im südlichen Afrika unterworfen. Trotzdem spielt der Umweltschutz eine große Rolle, so wurde erst vor kurzem das Projekt „Einsparung von Energiekosten" gestartet. Unser Patenkind Josef wird als sehr lebhaftes Kind beschrieben, das sich gerne bewegt und für sein Leben gern Fußball spielt. (www.freundeskreis-ombili.de)

Ombili heißt Frieden

188

Ombili im fernen Afrika ist ein Beispiel dafür, wie im Ökologischen Wirkungssystem soziale Aspekte aussehen können.

Im Zusammenhang mit der Artenvielfalt habt Ihr bestimmt schon von einer sog. „Roten Liste" gehört.

Rote Liste gefährdeter Arten

Die Rote Liste gefährdeter Arten (nicht zu verwechseln mit der Roten Liste für Arzneimittel) ist ein Indikator für den Zustand der Biodiversität. Sie wird in regelmäßigen Abständen von der Weltnaturschutzunion IUCN herausgegeben. Die Gefährdung der Arten erfolgt nach folgenden Kategorien:

- ausgestorben
- vom Aussterben bedroht
- gefährdet/stark gefährdet
- Vorwarnliste
- Daten nicht ausreichend

Auch für Deutschland gibt es eine Rote Liste der bedrohten Tier- und Pflanzenarten. Herausgeber ist das Bundesamt für Naturschutz. Die Liste umfasst mehrere Bände gefährdeter Tiere, Pflanzen und Pilze. Sie kann käuflich erworben werden. Der Band 8 Pilze, Stand 2017, kostet beispielsweise bei Amazon Euro 39,95. Auszüge und Tabellen der Listen können bei nationalen Naturschutzorganisationen kostenlos als PDF heruntergeladen werden; z. B. beim Bayerischen Landesamt für Umwelt. Die Roten Listen dienen der Information der Öffentlichkeit, zeigen Handlungsbedarf im Naturschutz und sind Aufforderung an alle Organisationen einschließlich der Politik zu handeln.

Schaut doch mal im Internet nach solch einer Liste. Ihr werdet überrascht sein, wie detailliert recherchiert wird.

Bodenfruchtbarkeit

Pflanzen, Tiere, Pilze und Mikroorganismen reinigen Wasser und Luft und sorgen für fruchtbare Böden. Diese wiederum benötigen wir zur Erzeugung gesunder Nahrungsmittel. Und alles läuft in einem komplexen ökologischen Wirkungssystem ab. Der Boden verfügt über eine hohe Aufnahmekapazität und Regenerationsfähigkeit, ist aber nicht auf Dauer belastbar. Erdboden – Erde, was ist das überhaupt? Wenn im Frühjahr der Bauer seinen Acker bestellt, dann bereitet er den Boden für die Aussaat vor. Habt

Ihr schon mal auf die Farbe unserer Böden geachtet. Sie variiert weltweit von schwarz, rötlich, gelb, braun, grau und weiß. Ein großes Farbspektrum, das wir selbst auf unseren Weltreisen erlebt haben: Schwarzer Sand am Meeresstrand auf Island, roter Boden am Ayers Rock in Australien, fast weißer Sand auf Hawaii und braune Erde auf den Äckern nahe unseres Wohngebietes.

Grundbaustein unseres Erdbodens ist die harte Erdkruste. Sie besteht aus Gesteinsmaterial, aus Eisen, Nickel und anderen Mineralien. Diese hat es bei der Entstehungsgeschichte unseres Planeten bei Vulkanausbrüchen herausgeschleudert und an der Erdoberfläche abgekühlt. So entstanden ganze Gebirgszüge. Die geläufigsten Gesteine sind: Granit, Kalkstein, Sandstein, Konglomerat, Tonstein. Seit Urzeiten werden diese Gesteine durch Wasser, Wind, Reibung, Frost und Sonne abgetragen, also zerbröselt, bis sie zuletzt zu Sand werden. Flüsse schwemmen Gesteine und Sand fort, lösen Salze und andere Nährstoffe bis sie am Ende der langen Reise als Böden ihre Ruhe finden. Wir unterscheiden drei Arten von Böden; den **Tonboden**, der viel Wasser speichern kann, den **Sandboden**, der sehr trocken ist und bei dem Wasser schnell versickert und den **Lehmboden**, eine Mischung von Sand und Ton. Lehmboden ist der beste Ackerboden, weil er die Vorteile von Sand und Ton vereint. Aber jetzt fehlt noch etwas: nämlich der **Humus,** denn erdgeschichtlich betrachtet sind die Böden bisher ohne „Leben" und nährstoffarm. Bakterien, Pilze und Pflanzen, die sich auf diesen Böden angesiedelt haben, verrotten nach ihrem Tod und bilden den Humus. Humus entsteht also durch unzählige winzige Bodenlebewesen. Und Regenwürmer haben einen großen Anteil dabei, in dem sie abgestorbene Pflanzenreste fressen. Und was der Regenwurm ausscheidet ist nährstoffreicher Humus! (Quelle: StMUV – Wissenszeitschrift für Kinder 2015)

Im Kapitel Müll sind wir u. a. auf den Biomüll der Haushalte eingegangen. Wir hatten gelernt, dass für die Entsorgung keine Müllgebühren verlangt werden, da der Biomüll recycelt, als Blumenerde verkauft und damit wieder zu Humus wird. Ein vorbildlicher Kreislauf.

Unsere **Erkenntnis** aus dem Thema
Biodiversität:

Bringt doch mal in Eurem Freundeskreis das Thema Biodiversität zur Sprache. Ihr werdet sehr schnell feststellen, dass große Defizite herrschen allein in der Beschreibung der Begriffe FFH. Nun brauchen wir Flora, Fauna, Habitat nicht auswendig lernen, was wir aber brauchen ist das Verständnis und das Bewusstsein für dieses Thema zu schärfen, denn die Biodiversität gehört zum Umweltschutz wie die Nachhaltigkeit oder der faire Handel. Die Komplexität des Themas Umweltschutz erfordert eine Strategie, wie sie hier über die einzelnen Aktionsfelder dargestellt wird. Und mit jedem Kapitel wächst der Reifeprozess, mit dem wir nicht nur das theoretische Verständnis vertiefen sondern auch Ansatzpunkte für eine erfolgreiche Umsetzung erkennen. Ob wir Nistkästen aufstellen oder uns an einer Aufforstaktion beteiligen ist ganz Eure Entscheidung. Was ich mir allerdings wünsche ist dies, dass Ihr in Eurem ökologischen Wirkungskreis die Lebensräume der Pflanzen und Tiere mit ganz anderen Augen betrachtet als bisher. Also

Mach mit! Tu was!

Es ist die einzige Chance, die wir haben.

> *Wenn die Bienen einmal*
>
> *von der Erde verschwinden,*
>
> *hat der Mensch nur noch*
>
> *vier Jahre zu leben!*
>
> *Keine Bienen mehr,*
>
> *keine Bestäubung mehr,*
>
> *keine Pflanzen mehr,*
>
> *keine Tiere mehr,*
>
> *kein Mensch mehr.*
>
> Albert Einstein

Kapitel 8   Naturschutz

Naturschutz kontra Umweltschutz?

Umweltschutz haben wir ausführlich bearbeitet und gelernt. Und was hat es mit dem Naturschutz auf sich?

Beim **Umweltschutz** betrachten wir Umweltaspekte, die mit einer Gefahr für die Ökosysteme verbunden sein können und bekämpfen die Ursachen von Umweltschäden.

Ziel des **Naturschutzes** ist, die Natur und Landschaft so zu schützen, dass

- die biologische Vielfalt
- die Leistungs- und Funktionsfähigkeit des Naturhaushalts
- die Vielfalt, Eigenart und Schönheit sowie der Erholungswert von Natur und Landschaft

auf Dauer gesichert sind.

Im **Gesetz über Naturschutz und Landschaftspflege** kurz **Bundesnaturschutz-gesetz** vom 29. Juli 2009 sind die Anforderungen zum Schutz der Natur und zur Landschaftspflege geregelt. Ein wichtiger Begriff daraus „**Natura 2000**" besagt, dass sich Bund und Länder zum Aufbau eines europäischen ökologischen Netzwerkes „Natura 2000" verpflichten.

Wenn Naturschutz erfolgreich betrieben wird, brauchen wir weniger Umweltschutz! Naturschutz und Umweltschutz ergänzen sich und sind Grundlage für Leben und Gesundheit des Menschen auch in Verantwortung für die künftigen Generationen.

Einige Beispiele für Umweltschutzorganisationen in Deutschland:

WWF World Wildlife Fund Deutschland Reinhardstr. 18 10117 Berlin, info@wwf.de

Greenpeace e. V. Hongkongstr. 10, 20457 Hamburg, mail@greenpeace.de

NABU Naturschutzbund Deutschland e.V., Charitestraße 3, 10117 Berlin, NABU@NABU.de

BUND Bund für Umwelt und Naturschutz Deutschland e. V., Am Köllnischen Park 1 in 10179 Berlin, bund@bund.net

Deutsche Umwelthilfe e.V. Fritz-Reichle-Ring 4 78315 Radolfzell   info@duh.de

Deutscher Naturschutzring e.V. Marienstr. 19-20 in 10117 Berlin

Robin Wood e.V. Bremer Str. 3 in 21073 Hamburg geschaeftsstelle@robinwood.de

Bei diesen Organisationen könnt Ihr Informationsmaterial zu Umweltaspekten bekommen, könnt an Projekten zum Umweltschutz aktiv mitarbeiten, könnt einen Newsletter abonnieren und weitere Anregungen zum Umweltschutz bekommen.

Schlussbetrachtung

Wenn unsere fünf Enkelkinder, derzeit zwischen 7 und 17 Jahren, bei uns ihre Ferien verbringen, dann herrscht nicht nur ein großer Trubel im Haus sondern auch viel Diskussionsfreude bei unterschiedlichsten Themen. Angeregt durch Medien spielt manchmal auch die Umwelt bzw. der Umweltschutz eine Rolle. Schlagzeilen, wie *die Gletscher schmelzen, Smog in den Städten, Klimawandel oder Fahrverbote* führt zu einem Nachdenken wie auch zur Frage, was können wir dagegen tun? Und wenn ich dann frage, was tut Ihr denn, um die Umwelt zu schonen, dann kommen sehr schnell Antworten wie Mülltrennung, Wassersparen bei der Klospülung oder beim Lüften die Heizkörper abdrehen. So weit so gut. Und wenn ich dann frage, ob es denn wirklich immer das neueste Smartphone sein muss, obwohl jährlich Tonnen von Elektroschrott anfallen, dann spüre ich eine Bereitschaft zum Umdenken, allerdings ohne konkrete Maßnahmen zur Umsetzung.

Warum ist das so? Warum tun wir zwar etwas (Mülltrennung), aber zur Eigeninitiative reicht es nicht. Auch in den Schulen, so berichten mir meine Enkel, spielt das Thema Umweltschutz nur eine untergeordnete Rolle. Umweltschutz in der Bildung – großes Fragezeichen? Und das ist wahrscheinlich das Problem. Wir wissen, dass es ein weltweit akutes Thema gibt, aber wie alles zusammenhängt, welche systematischen Ansätze zum Handeln wir brauchen und vor allem, welche Denkungsweise wir brauchen, um die Umwelt zu schützen, auch für zukünftige Generationen, das alles müssen wir erst lernen.

Umweltbildung = Umweltschutz

Aufgrund meiner 30jährigen selbständigen Beratungstätigkeit in Qualitäts – und Umweltmanagementsystemen sowie meiner Dozententätigkeit auf diesen Gebieten in weiterbildenden Akademien möchte ich nun von diesem Wissen und meinen Erfahrungen etwas weitergeben:

- ich möchte meine Enkelkinder und alle interessierten Menschen weiterbilden, so dass sie verstehen, was Biodiversität bedeutet und wie es durch Veränderungen in der Atmosphäre unserer Erde zur Dunstglocke kommt
- ich möchte, dass Gesetze zum Umweltschutz besser verstanden werden und durch selbständiges Handeln angewendet werden (Lärm als Immission)
- ich möchte durch meine Initiative das Umweltbewusstsein fördern, so dass sich die Menschen auch entsprechend verhalten
- und ich möchte die ewig Gestrigen, die alle menschbedingten Einflüsse zur Klimakatastrophe leugnen, zur Umkehr in ihrem Denken bringen.

Mit diesem Leitfaden möchte ich meine Motivation zum Umweltschutz weitergeben, in dem ich den Weg zu einem wirkungsvollen Umweltschutz beschreibe – einfach und verständlich!

Dieter Groll 2018